U0935121

Win in benevolence and tolerance

赢在善忍

以退为进的人生攻略

梦 海 著

中国人口出版社
China Population Publishing House
全国百佳出版单位

图书在版编目（CIP）数据

赢在善忍 / 梦海著. -- 北京：中国人口出版社，2019.4

ISBN 978-7-5101-6508-5

Ⅰ. ①赢… Ⅱ. ①梦… Ⅲ. ①成功心理-青少年读物 Ⅳ. ①B848.4-49

中国版本图书馆 CIP 数据核字（2019）第 009357 号

赢在善忍

梦海 著

责任编辑 曾迎新
装帧设计 潇湘悦读文化研究会
出版发行 中国人口出版社
印 刷 长沙市精宏印务有限公司
开 本 787 毫米×1092 毫米 1/16
印 张 17.5
字 数 200 千字
版 次 2019 年 4 月第 1 版
印 次 2019 年 4 月第 1 次印刷
书 号 ISBN 978-7-5101-6508-5
定 价 52.00 元

社 长 邱 立
网 址 www.rkcbs.com.cn
电子信箱 rkcbs@126.com
总编室电话 （010）83519392
发行部电话 （010）83510481
传 真 （010）83538190
地 址 北京市西城区广安门南街 80 号中加大厦
邮政编码 100054

前　言

QIAN YAN

喜怒哀乐，人之常情，要想成就自己，绝不可以任性而为。唯有宽宏大度保持善忍的平静心境，方可赢得成功的机缘。

孔子有“小不忍则乱大谋”的千古训诫，可见善忍与成功息息相关。一个人在生活或工作当中，往往不会什么事情都顺风顺水，委屈和挫折在所难免。无论遇到什么事情，倘若能心平气和，善于忍耐，处事不惊，有“卧薪尝胆”的气节，方可成就大业。善于忍耐不是懦弱，更不是屈服，而是一种睿智。弱者善忍，可以积蓄力量窥探机遇，进而由弱变强；强者善忍，则能通过平心静气俯瞰未来，赢取更大的社会价值。善忍的最高境界，是能够把忍的精髓溶化于血液中，成为生命的一部分。

善忍是不可或缺的心灵涵养，一种高层次的精神境界。懂得善忍宽恕他人，必然会拓宽自己的人生之路。俗话说“忍得一时之气可免百日之忧”，每当遭受他人辱没或遇到不如意之事时，人往往容易气急败坏。如果不能冷静地制怒，瞬间就可能酿成追悔莫及的大错。冷静制怒的处世态度根植于善于忍让，善忍的方法对路，善忍的人往往能成就自己。所以说忍让贵在一个“善”字，善是宽容与智慧的结晶。只有善忍，做到遇事不慌，采取避其锐气、迂回化解的办法，尽可能避免正面冲突，才有可能减少不必要的消耗和损失。对此，古人有许多经典之作进行系统阐述，如《忍经》《劝忍百箴》等。鉴于此，笔者在吸取古人智慧的基础上，结合现代人的思想观念，就如何掌握和利用善忍方法，深入浅出撰写成册，期望与读者共勉！

目 录

MU LU

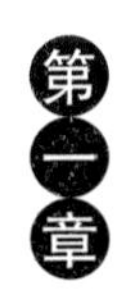

善忍始于生活检点

第二章 修炼一颗平静心

第三章 提升善忍智慧

第四章 祸害源于欲念

第五章 心存淡泊天地宽

第六章 脚踏实地力戒浮躁

第七章 忍让大度能逢凶化吉

第八章 舍弃才有所得

第九章 怨天尤人其害无穷

第十章 守住心灵的一方净土

第十一章 克制人性的弱点

在善忍中成就自己

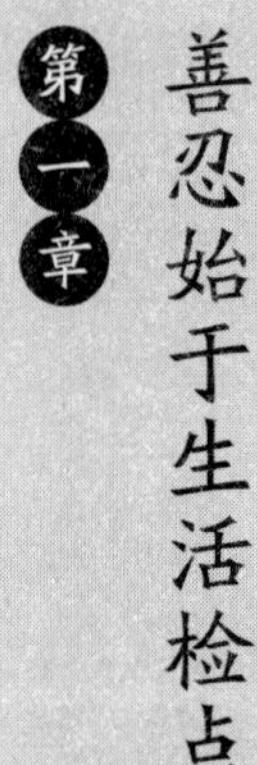

第一章 善忍始于生活检点

至善始于行，至美始于求。小洞不堵，必成大患。祸根往往源于生活中细小的事情，若是任性而为不加克制，易酿成大祸。无论何时遇到什么逆心的事情，善于忍耐自己的脾性，善于检点自己的生活，懂得克制自己的情绪，方可化干戈为玉帛，避免不必要的麻烦和纠葛。

慎言能避灾祸
SHEN YAN NENG BI ZAI HUO

自古以来,多言必失成为了中华炎黄子孙处世的一条训诫,慎言谨行被各大学派所极力推崇。儒家代表人物孔子有次到周朝观礼,看到三尊金人,便在金人背面题铭:“古之慎言人也,戒之哉！无多言,多言多败;无多事,多事多患。”

历史上,因出言不逊断送前程者不乏其例。

明朝万历年间,高拱以其辅佐之功而位居朝廷内阁首辅大臣。位极人臣后,他不但恣意专权,还毫无嘴德。无论什么场合,他都要对臣僚横加指责,丝毫不顾及他人脸面。他每每出言不逊与人交恶,结下了不少冤家。这还不算,一次与内阁成员闲聊时,他竟然说出“十岁太子,如何治天下”这样有悖当今皇上的话,后来这话被人篡改为“十岁孩子,如何作人主”捅到了万历皇帝那里。虽经人力保没被正法，却由此丢了官职被逐归田。

又比如说，与高拱同朝为官，位极首辅的张居正，本是一个积极推行改革且有作为的官员，因遇父丧未按规定回家守制，遭到反对他的官僚政客以“夺情”罪名弹劾。当时的张居正未回老家奔丧实属不得已，万历皇帝本不想追究。可一向深知言多必失古训的张居正担心丢了官位，便沉不住气了，于是奋笔疾书，洋洋洒洒写下了三千字的奏折予以反驳。奏折中，张居正除了陈述未能守制的理由外，还表达了想继续辅助年幼皇上处理国政的决心。这些年张居正的独断专行本就使年幼的万历帝心怀不满，这一下万历帝更加不高兴了。难道朝中没有你张居正，我就不能独掌朝政了么！这次张居正虽然在朝中李太后等人的极力保护下幸免于难，但从此后均未能得到皇上的信任而忧忧寡欢病逝。张居正死后，国力愈发虚弱，那些耿耿于怀的官僚政客们觉得有机可乘，于是重新将矛头指向了他，说造成这一局面的罪魁祸首是张居正。万历帝对昔日张居正的狂妄自大本就心存芥蒂，见有人重提旧事，加上生母李太后已逝，于是下旨尽削张居正封号，抄没其家产，以至张家妻儿老小惨遭祸门，尽数被流放饿死。说到底，造成这一悲惨结局的原因除了张居正推行的改革措施触及了一些官僚政客的利益外，他以下犯上毫无顾忌的犀利言辞无疑也是一根导火索，给了官僚政客们以可乘之机。

无论是高拱还是张居正，他们皆因言语不检点而引起祸端。古代如此，现代人因言语不慎引发祸端的事例也不胜枚举。信口雌黄、毫无嘴德之人，其结局无不是惨痛的。要知道，人与人相处难免不产生分歧，而分歧的形式往往最先表现在言语冲突上。有为名利，有为政见，也有为一争高低的。无论是哪一种，说到底都是为了自己。此时此刻，我们不妨冷静下来好好想想：与其针锋相对、两败俱伤，还不如容忍一时、图个安然。即便自己处于强势占尽先机，对方一时拿自己没办法，最终又能得到什么？很多时候，言语是把软刀子，伤人于无形。做人，任何时候要给自己留有余地，要学会低调，切忌高高在上；话不能说得太满太绝，更不能图一时口快将对方置于绝境。常言说得好："忍得一时之气，可免百日之忧。"所谓的忧，小至身心煎熬，大到悔恨终生。恶语伤人，图一时口快，最终只能伤了自己。凡此种种，我们若能时刻警醒自己，不忘克制自我，便能遇事冷静坦然，生活中必定会少了许多烦扰。一个善于忍让且慎言慎行的人，更会受人尊重。

气躁难成大事

QI ZAO NAN CHENG DA SHI

事与愿违,心气不顺,很容易使人上火而心浮气躁。事情往往是这样,越是气躁越会使人陷入糊涂,糊涂者终究难成大事。

古时候有个年轻人很想有番作为,他到学堂读书,立志十年寒窗金榜题名。可是,读了两年书,见自己的学习成绩远不如别人,便愤然撕了书本改学射箭,信誓旦旦要通过习武考上武状元。练习了一段时间的射箭,他老是射不准靶心,气急之下折断弓箭,改为经商,试图通过经商成为富甲天下的富豪。他利用全部积蓄开了家布匹商号,由于他性格暴躁,动不动使脸色发脾气,不但请来的伙计都先后离去,就是那些顾客也不愿到他商号购买布匹了。像这种不知节制心浮气躁的人,到头来自然是一事无成了。

世事纷繁多变，不可能事事如己所愿。任何的心浮气躁，都改变不了事物的本来面目。尤其在气躁中于事无补，不如静下心来脚踏实地做事。

东汉时期的刘宽由一个小吏爵至逯乡侯，得益于他仁厚宽恕的良好品性。无论是对下属还是家人，有再大的事他也总是心平气和，晓之以理，从未发过脾气，被海内外尊称为宽厚长者。有一天早上，他的夫人有意试探他的忍耐程度，在他换好朝服准备上朝时，授意侍婢奉上肉羹之机，有意将羹汤玷污了刘宽的朝服。刘宽不但没有责怪侍婢，反而和颜悦色地关心侍婢是否被羹汤烫伤了手。此等胸怀，不愧为千古楷模。试想一下，遇到这种事，有些人就会先正自己的官威，认为不对侍婢发顿脾气不能显示自己的威严，但刘宽对侍婢没有发脾气进行责骂，他知道事情已是这样了，任何的责骂或者惩治都无济于事，还不如重新换套朝服的好。

很多时候，人往往因气而急，急而生躁。人一旦急躁，便会失去理智，本来好好的一件事，这样一急，结果会得不偿失，好事容易变成坏事。

某市一中学高三班的小龚在班上综合成绩中等偏上，高考时如正常发挥的话，考个二本大学十拿九稳。但小龚的目标是名牌大学，他认为自己英语成绩较差，如果不偏科的话，上名牌没有问题。为了达到目的，高考时，他通过父亲的关系雇了个与自己相貌相似的“枪手”为自己代考英语。世上没有不透风的墙，事发后，小龚不但没上成大学，还落了个处分。

现实生活中,这种“偷鸡不着反蚀把米”的事屡见不鲜,其原因无非是急功近利。世上的事都有其自身的发展规律,靠心浮气躁获取成功只会适得其反。

沉迷声色等于自戮

CHEN MI SHENG SE DENG YU ZI LU

《弟子规》告诫学子“斗闹场，绝勿近；邪僻事，绝勿问”。其中的斗闹场和邪僻事无疑指的声与色。古时候，不少家长对子女管束极严，为了培养子女的优良品性，很注意对子女的隔绝教育，不让子女有接触不良习气的机会。《孟母三迁》的故事比较经典，被传为千古佳话。

孟子的父亲早逝，孟母与年幼的孟子相依为命。当时，母子俩居住的地方与墓地很近，每当有人下葬，孟子便模仿送葬人的模样，与小伙伴玩起了啼哭跪拜的游戏。孟母觉得长此下去不利于孟子成长，于是将家搬到了一处集市旁。怎奈集市上充斥了商贩的叫卖和屠宰牲畜声，幼小的孟子觉得好玩，时不时学着商贩吆喝和牲畜的吼叫。孟母见了很焦急，觉得这样下去会荒废了孟子，于是又把家迁到了学校旁。每每闻到学校的朗朗读书声，孟子都要跑到学校效仿，并学会了不少礼节和做人的道理。后来孟子学成六艺获得大儒的名望，与孟母三迁不无关系。要不是孟母深知“近朱者赤近墨者黑”的道理，孟子或许难成大器。

声与色有着必然的内在联系，所谓的声色犬马，涵盖了荒淫玩乐的生活方式。不得不说，世间最诱人的莫过于声色，而最让人玩物丧志的也是声色。古往今来，毁在声色上的事例不在少数。比如，古代夏朝的君王桀，因为宠爱美女妹喜，整日歌舞升平荒淫无度，结果把江山断送掉了；春秋时代的晋献公被骊姬的美色迷得神魂颠倒，终日不理朝政，沉醉于后宫与美人寻欢作乐，结果导致太子自杀，公子外逃，最终被秦国所灭。历史上这类因贪恋声色导致亡国的，不胜枚举。又比如现代被查处的贪官当中，大多与贪恋声色有关。这些活生生的例子足以说明，沉迷于声色，不但祸国殃民，也害自己。

贪图声色享乐无异于吸食毒品，沉湎于梦幻的“快乐人生”，然图一时的所谓快乐，得到的是终生的悔恨。所以，面对种种的声色诱惑，凡有为青年应具备超强的善忍力和免疫力，要有柳下惠坐怀不乱的意志，不为声乱不为色动。唯有如此，才能保持身心健康，进而追求卓越人生。孟子在《孟子·滕文公下》一文中说过这么一段非常精辟的话：“富贵不能淫，贫贱不能移，威武不能屈，此之谓大丈夫。”做人，无论为官还是为民，应该秉承这个起码的原则，才称得上无愧于国家、无愧于人生，也就是孟子所说的大丈夫。

智者不屑贪杯

ZHI ZHE BU XIE TAN BEI

酒，在历史的长河中，酒文化有其深刻的内涵，绝非酒桌上毫无节制的杯觥交错、一醉方休。譬如，唐代大诗人杜甫有“李白斗酒诗百篇，长安市上酒家眠，天子呼来不上船，自称臣是酒中仙”和“醉里从为客，诗成觉有神”等脍炙人口的诗句；北宋文学家苏轼也留下“俯仰各有志，得酒诗竟成”的千古佳句。凡此种种，历史上不少文人墨客之所以借酒做诗，完全是出于一种超脱的艺术意境，通过酒的独特魅力进入一种思想活跃的自由状态。然而，酒可以助兴，也能乱神。唐代诗人孟浩然就因为醉酒成性，白白失去了进入仕途的机会。

唐朝时很重视文人，不少有名气的诗人已踏入仕途为官。年届四十的孟浩然也想谋个一官半职，于是来到京城找到有些交往的诗人王维，期望帮忙引荐。王维满口应承,并在家设酒宴款待。这个消息被酷爱诗词的当朝皇帝唐玄宗知道了,他摆驾来到王府,见到孟浩然便问起诗作之事。孟浩然见皇帝亲临垂问,受宠若惊之下,为展示自己的才能,便一首接着一首背诵自己的诗作。唐玄宗听了面露喜色,孟浩然见龙颜大开更加得意,一边吟诗一边喝酒,醉态下完全忘记了身边的人。当他念诵新作《岁暮归南山》中的"不才明王弃"诗句时,唐玄宗突然沉着脸质问道:"你何曾求官,朕又何曾抛弃于你?"说罢拂袖离去。孟浩然惹怒了皇上,自然也丢了做官的机会。郁郁寡欢的孟浩然回到家乡隐居了三年,但不甘心就此作罢,于是找到官员韩朝宗,希望他能从中斡旋。韩朝宗是当朝有名的伯乐,知道孟浩然是个人才,自然满口应允,并约好一同赴京。赴京这天,孟家来了一位客人,孟浩然设宴盛情款待,两人举杯旧叙,孟浩然又是喝得烂醉如泥。这时家人几次提醒他道:"你和韩大人约好今天进京,韩大人已等候你多时了。"孟浩然手一挥醉醺醺道:"既然喝开了,管它有什么事。"这话被在客厅等候的韩朝宗听到了,不由怒气横生,想道:此人不识轻重,我何苦要推荐这种人呢!于是愤然离开了孟家。自此后,孟浩然再无缘进身仕途。

现实生活中,酒作为餐桌上不可或缺的物品,为增进感情,缩短距离,活跃气氛,发挥了重要作用。所谓"无酒不成席",事实也的确是这样。但是,酒作为一种媒介,在正面作用的同时,更多的是负面影响,因贪杯酗酒误事的惨痛教训数不胜数。有酗酒打架斗殴身陷囹圄的,有醉酒胡言乱语惹下祸端的,有酒驾酿成交通事故的,有借酒消愁反伤其身的。于是便有人说,酒是个坏东西。应该说,酒,本身不坏,坏的是人贪杯。很多时候,宴请上司，招朋纳友，往往要舍命陪君子。似乎只有这样，才不会辜负了对方。尤其是上下级之间，甚至以喝酒多少作为赢取利益的筹码。然不可否认的是，身体是自己的，酒好喝，过度饮用，喝下去的不是酒是毒药。既然如此，何苦要拿身体做赌注，为了一点可怜的身外之物，如此作践自己呢？史上，李白、杜甫、苏东坡等大诗人之所以写出了千古不朽的诗作，在于能够借酒发挥潜在的聪明才智。倘若他们酗酒成性、醉生梦死，断然是写不出好诗的。喝酒重在酒德，适可而止方是君子所为。若不加节制一味贪杯，借酒发疯胡说八道，到头来害人又害己。因此，喝酒要讲酒德，缺乏酒德的人，不能算是智者，至少心理是不健康的。

饭桌上见人品

FAN ZHUO SHANG JIAN REN PIN

吃饭本是件很平常的事,可吃饭却能反映一个人的修养问题。尤其是社交和公务活动的饭局,更能窥见一个人的品位。

小朱大学毕业后应聘某五百强企业,以优异成绩入围,并受邀参加公司的一个饭局。席间,小朱谨小慎微,尽量获取在座高管的满意。可是最终他没能被聘用,他对此很愤慨,认为中间定有黑幕。后来招聘部门告诉他说,他被高管筛掉的原因,就是那个饭局上。因为从始至终,他没有对任何一名服务员表示过感谢。小朱有些不解,说端饭上菜是服务员的职责,为啥要说谢呢?对方正色道:虽职责所在,她也是在辛苦为你服务。一个没仁爱心的人,如何能管理好企业!的确,事情虽小,但细节却往往能看出一个最真实的人。一个对他人没点仁爱心的人,说明个人修养方面还或多或少存在着问题。

某县水利单位小龙被派到一村镇调查水利设施建设情况，小龙是刚毕业的大学生，从小在城市长大，对农村的环境可以说是既生疏又向往。当地村支部书记听说上面来人调查了，很热情接待了小龙，并组织全体村干部汇报陪同。小龙听过简单汇报后，已是午饭时分，面对满桌香喷喷的菜肴，小龙心中暗喜，于是也不打招呼，伸出筷子自顾“吧嗒吧嗒”吃了起来，其他人尚未上桌，他狼吞虎咽般已将整桌菜肴翻搅了个遍。旁边的村干部嘴上不说，内心已是很瞧不起这个不懂礼貌的愣头青。下午的实地察看工作中，其他村干部推说有事陆续走了，只留下一个年轻人给他带路。小龙对水利设施建设情况不怎么了解，加上陪同的年轻人也说不出个所以然，所以草草转了一圈便打道回府了。当单位领导问起他的调查情况时，小龙牛头不对马嘴乱说了一通。领导心存疑惑，重新派人进行复查，结果与小龙说的情况根本不是一回事。因此，小龙不但遭到领导的严肃批评，从此也失去了领导的信任。不得不说，小龙的失意，除了缺乏教养，还有就是自私。一个极度自私的人，到哪儿都是受人鄙视的。

《礼记·礼运》篇中说：“饮食，人之大欲，未得饮食之正者，以饥渴之害于口腹。人能无以口腹之害为心害，则可以立身而远辱。”若不分场合过分看重口腹之欲，不但被人瞧不起，甚至会酿成不可挽回的结局。

春秋时期，宋国和郑国交战，出征前宋将华元宰羊慰劳兵卒，却忘了给车夫羊斟吃。羊斟很是生气，恨恨地想：吃羊肉的事你做主，赶车的事我做主。于是两国交战后，羊斟故意将车驱入郑国的军队，致使战将华元被俘。宋军失去了首领，立时战败。羊斟把一碗羊肉看得比国家利益都重要，不但没好下场，又落了个“以私败国”遗臭万年的名声。

这个历史典故充分说明，做人不可以过于计较一时的口福。无论是山珍海味，还是粗茶淡饭，都是穿肠而过，大可不必为此丢了尊严。

饭桌上见人品，表现在一些细枝末节上。比如说吃饭时要懂得尊重长者、谦让恭敬，不宜不顾他人一开始就狼吞虎咽。再喜欢吃的菜，也要忍住筷子与人共同分享。固守夹菜分寸，不要将筷子伸到菜盘到处翻搅挑拣，也不要用自己的筷子为别人夹菜。用粘着饭粒或菜叶的筷子去夹菜，很容易让人生嫌。隔碗夹菜要伸出饭碗接住，以免汤滴入其他菜盘。吐出的鱼刺、骨头和菜渣等，要用手或筷子取出来，不宜直接吐到饭桌上。如遇打喷嚏或打嗝时，要用纸巾掩嘴朝向后方。特别是吃喝时，不要张口扬脸对着餐桌高谈阔论，要避免把唾沫喷到菜盘里，要注意同桌就餐人的感受。这些事情看起来虽小，但却能反映出一个人的修养。

不可以本末倒置

BU KE YI BEN MO DAO ZHI

娱乐玩耍是人的天性，但过于贪玩，无异于本末倒置。玩物丧志，必将步入一事无成的境地。

春秋时期的卫懿公是卫国的第十八任君主，卫懿公特别喜欢鹤，整天与鹤为伴。为了逗鹤玩耍，常常不理朝政不问民情。他宠爱鹤的程度甚至超过了大臣，大臣们所乘的车辇远没有鹤乘的豪华车辇高级，为养鹤所花费的钱财，也比发给大臣的薪俸超出许多。为此，大臣们很是不满，百姓也是怨声载道。不久，北狄部落入侵卫国，卫懿公命军队前去抵抗。这时的卫国军队军心涣散，不少将士说：既然鹤享有很高的地位和待遇，君主何不派鹤去打仗呢？眼下军情紧急，卫懿公没有办法，只好亲率军队出征，与狄人战于荥泽。由于军心不齐，将士们斗志涣散，没战几个回合，卫军便溃不成军，以失败而告终，卫懿公也战败而死。后来，人们把卫懿公失败的原因归之为本末倒置的“玩物丧志”。

就像人们进食和排泄一样，世间万物都有其自身的自然规律，不可以逆转。做人也一样，应分清主次，不可以主次不分、本末倒置。

小庞是某名牌大学的高才生，毕业时被某知名企业抢先“挖”走，作为高端科技人才被安排到技术部门工作。小庞自恃有些学问，根本不把他人放在眼里。除平时上班坐在电脑前应付一下日常工作外，不是玩游戏就是与人聊天。领导找他谈话，希望他能在开发新产品上有所作为。小庞笑了笑，根本就不当一回事。两年后，企业进行人事调整，小庞因两年来毫无建树，且玩乐成性，被宣告予以辞退。小庞恃才贪玩，白白失去了一个施展才华的极好机会，委实让人扼腕叹气。

《尚书·旅獒》里说：“玩人丧德，玩物丧志。以人为戏弄则丧其德，以器物为戏弄则丧其志。”古人的这段话，无论是过去、现在，还是将来，对我们每个人，都不失为一击响亮的警钟。

莫把客气当福气

MO BA KE QI DANG FU QI

客气是人情交往中的一种礼节，其中有真情相待，也不乏虚情假意。对待客气，我们姑且听之，不可以拿客气当福气。

战国时期，赵国臣子缪贤因犯错害怕赵王处治他，打算逃到燕国去。蔺相如知道后阻拦他说："你怎么知道燕王就会收留你呢？" 缪贤蛮有把握道："我曾随赵王在边境与燕王相会，燕王曾私下握着我的手说'希望与你交个朋友'，由此觉得燕王对我不错，所以我想投奔他。"蔺相如摇了摇头说："夫赵强而燕弱，而君幸于赵王，故燕王欲结于君。今君乃亡赵走燕，燕畏赵，其势必不敢留君，而束君归赵矣。"意思是说：当初赵国强，燕国弱，你又受赵王宠幸，所以燕王想结交于你。现在你逃到燕国去，燕王害怕赵国，不但不敢收留你，还会把你捆绑送回赵国的。缪贤听了蔺相如的劝告，觉得很有道理，于是主动向赵王负荆请罪，得到了赵王的宽恕和赦免。

倘若缪贤一意孤行，其结果必如蔺相如所言，成为赵国的阶下囚。

某建设局的局长在位时，局里的大小事情都是他一人说了算。不但本局下属极力讨好于他，即便是业务往来单位，也极力巴结他。其中有个建筑公司经理更是摘得头牌，与之以兄弟相称，常信誓旦旦拍着胸脯保证说："大哥，你退休后就来我公司挂个顾问，不用你做什么，待遇保你满意。"局长深以为信，交情愈发深厚。几年后，局长平安着陆退休。在家闲得无聊时，他想起了经理的保证，于是拿起手机拨通了经理的电话。经理一听是他，先是客气了两句，便推说正在开会，把电话挂断了。局长虽然有些不高兴，想想对方正在开会也是情有可原。于是到了晚上，又拨通了手机。哪知对方"喂、喂"了两下，说声"太吵听不见"就挂了电话。局长从电话里听到一个人在问"是谁"，那声音太熟悉了，是他的继任局长。此时此刻，无奈的他只得摇头叹气。

生活中，客气是应酬中不可缺少的沟通方式。朋友邻里或亲戚之间，正常的客气本无可非议。但很多时候，当你有权有职时，人们恭维你、巴结你、讨好你、盛邀你，并非是看重你的人，而是在乎你的权力。当你不在其位失去了可以利用的价值时，随之而来的是一切都化为乌有。所以说，做人还是低调的好，无论得势还是失势，懂得善于隐忍，立足当前，正视现实，丢掉一切虚饰的幻想，莫把客气当福气。

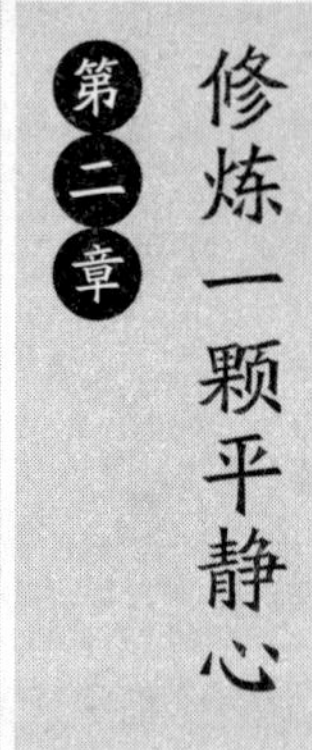

第二章 修炼一颗平静心

人最难能可贵的是有一颗平常心，平常心能使人不忘初心，不会被各种利益的诱惑而忘本失性。面对物欲横流，有的人心浮气躁把持不住自己而以身试法；置身权贵漩涡，也有人不惜削尖脑袋投机钻营以至东山不再。等等不一而足，都是不安分惹的祸。平安是福，然平静心是确保平安的首要根基。

做人莫攀权贵

ZUO REN MO PAN QUAN GUI

生活中，有那么一些人变着法子攀附权贵，以期借势抬高自己的地位。殊不知，愿意接纳攀附的权贵们往往是那些结党营私的贪官污吏，虽然得益于一时，最终必将殃及池鱼。

唐朝玄宗时期，刀笔小吏出身的王鉷因为攀附上了奸相李林甫，靠其投机钻营的本领，官越做越大，一身兼二十余使。随着权力的增大，他更加骄横跋扈起来，不少曾得罪过他的人，都遭到了他的报复，轻则罢官，重则丧命。然世上的任何事物均以一物降一物而收场。王鉷的大红大紫，引起了两个人的极度嫉恨，一个是提拔他的李林甫，另一个则是杨国忠。李林甫虽妒其盛，毕竟自己已位极人臣，依照自己目前的根基，王鉷还不至于取而代之。可杨国忠就不同了，看到当初与自己一同办案的王鉷升了大夫又升县公，内心实难平静，一心想找个机会铲除王鉷。不久，王鉷的棋友邢縡造反事泄，唐玄宗命王鉷查办，王鉷故意拖延案件。朝廷缉拿邢縡时，王鉷叮嘱部下不要伤着了邢縡。杨国忠以此为由密告皇上，说王鉷兄弟与邢縡是同党，将其打入大牢。后来，李林甫事败被破棺抄家，王鉷兄弟作为李林甫的同党，被处以极刑。王鉷兄弟死后，他们的儿子被悉数诛杀，家属被赶出京师，其暴敛的万贯家财全被曝光没收充公。

世事无常守本分，做人莫要欲无穷。聪明人都懂得"知止不殆"的道理，善于审时度势把持自己。唐代诗人李白在《梦游天姥吟留别》一诗中抒发了"安能摧眉折腰事权贵，使我不得开心颜"的感叹。

当时李白的杰出才干受到了朝中玉真公主和贺知章的交口称赞，唐玄宗得知后，降旨命李白进宫朝见。李白入朝那天，玄宗举步相迎，以七宝床赐食于前，并亲手为李白调羹。叙谈中，李白凭半生饱学及对社会的观察和了解，对答如流，且见解独到，深慰圣意，被命其供职翰林，负责朝廷草拟文稿，陪伴皇上左右。李白受到皇上的宠信，毫无疑问引起了不少大臣的嫉妒。李白有所察觉后，已心生去意。加上"伴君如伴虎"困守洛城的诚惶感，于是委婉辞去官职，访道求仙云游天下去了。

西汉时期的张良，年轻时给著名谋略家黄石公拾鞋获得《太公兵法》。后来张良归依汉高祖刘邦麾下，为大汉平定天下立下了汗马功劳，被封为万户侯。刘邦曾盛赞张良："运筹帷幄之中，决胜千里之外，我不如子房(张良号)。"此时的张良虽是位高权重，地位显赫，但面对君王如此的赞叹，自觉不是什么好事。加上宫廷斗争复杂，搞不好会卷入其中，于是急流勇退请辞官职，跟随云松子云游天下去了。张良懂得功成身退，才得以善终。而不少功臣因恃功失去节制，最终以种种罪名被诛杀。

高处不胜寒，低洼草木盛。官也好，民也罢，官场有官场的难处，平民有平民的窘境。官民的区别，就好比波澜壮阔的海洋和平静的湖泊都是水一样，波涛虽然壮观，也有平息的时候；湖泊虽然平静，也有荡漾美丽涟漪的时候。世上没有永远的权势，也没有永远的贫困。身居官位的人，也有失去权势的一天；作为布衣平民，生活本无拘无束，无须低声下气刻意去巴结权贵。只要善经营勤劳作，小日子过得和和满满自由自在，无担惊受怕之忧，就是人生的最大幸福，何乐而不为！

做人不要算计别人

ZUO REN BU YAO SUAN JI BIE REN

习惯于算计别人的人，到头来什么也得不到。“螳螂捕蝉，黄雀在后”是大家比较熟悉的典故。螳螂瞧准一只蝉，满以为能饱餐一顿，不料遇到了天敌黄雀。不但没捕成蝉，自己反而成了黄雀的美餐。这是昆虫飞禽弱肉强食的自然现象，但是人类也莫不如此。那些喜欢算计他人的人，到头来大多会被别人算计。

释迦牟尼在刚开始传教时，曾遇到过许多难以想象的困难和挫折，包括公然的挑衅和人身攻击。但他以坚强的毅力和人格力量，每次都能度过劫难，化险为夷。一次，释迦牟尼平静地走在街上，迎面来了个叫婆罗门的人。婆罗门很是仇视佛教，见到释迦牟尼，便萌动报复之意。他蹑手蹑脚绕到释迦牟尼背后，趁其不备抓起一把沙土向释迦牟尼撒去，籍以此泄恨。

然就在这时，突然刮起一阵逆风，撒出去的沙土全部飞向了婆罗门自己身上。路人见到了这一幕，无不拍手叫好。而此时的婆罗门，自知理亏，不得不狼狈离开。

习惯于算计别人的人，除了品德上有问题，对自己的身体也是百害而无一益。美国心理学家威廉曾说过：“凡是太聪明、太能算计的人，实际上都是很不幸的人，甚至是多病和短命的。”这并非危言耸听，有专家研究表明：喜欢算计别人的人，90%以上均患有不同程度的心理疾病。这些人，事事计较个人得失，整天绞尽脑汁如何算计别人，日复一日，精神上的高度焦虑使他们无时无刻不活在紧张和痛苦之中。被得与失这根弦绷紧的日子，无疑是患得患失胸中堵塞，不但心力交瘁无法平静生活，对身体更是一种伤害。

有这么一个肖姓人，老是惦记别人，别人比他富有，他坐立不安，成天净想些怎么贬损他人抬高自己的鬼点子。隔壁邻居老刘靠饲养柴鸡富了起来，老肖也想致富，便也买了数百只鸡仔回家圈养，可是由于技术不过硬，鸡仔陆陆续续死得差不多了。这时的老肖不是去查找失败原因，而是怪罪邻居没主动指导他怎么防治鸡病。在这种心理极不平衡的情况下，他暗想：我的鸡死了，也要叫你家的鸡来陪葬。于是一天深夜，他暗暗摸到邻居家的饲养场，将事先准备好的毒药米谷撒到饲养场。第二天上午，邻居家的柴鸡大多死亡，邻居发现死鸡口吐白沫，便断定是有人下了毒药。因为损失惨重，老刘只得报警请公安出面侦破投毒案。很快，老肖被锁定为重点嫌疑人，在铁的事实面前，他交代了投毒过程，并因此被处以治安拘留和罚款处理。他因此遭人唾弃,人前抬不起头,最终郁闷患病而亡。

这个人因妒生恨算计他人,自以为神不知鬼不觉,结果是聪明反被聪明误。所以说凡处心积虑算计他人的人,最终是算计到自己头上,不得善终。

人穷更要立志

RENQIONG GENG YAO LI ZHI

《增广贤文》里说:“人穷志短,马瘦毛长。”这话虽然道出了生活的常态,然做人不宜如此颓废。即便穷困潦倒,也不可丧失志气,正如孟子所言:“富贵不能淫,贫贱不能移,威武不能屈,此之谓大丈夫。”

北宋著名学者范仲淹小时候家里很穷,在他两岁时父亲就去世了,为了生存,母亲带着他改嫁到了朱家。朱家也不富有,无钱供他上学。酷爱学习的范仲淹便来到一所寺院,一边帮寺院干些杂活维持生计,一边苦读圣贤书。为了掌握知识,他常常读书到深夜,困了就用冷水擦把脸。但寺院也吃不饱肚子,他只好煮好一盆粥,待粥冷却后划成四块,早晚各吃两块,就着腌咸菜下肚。一天,有个同学来看望范仲淹,见范仲淹生活如此清苦,就向当官的父亲讲了这件事。同学的父亲怜悯范仲淹,便叫人送去好饭好菜。几天后,这个同学又来看范仲淹,发现父亲派人送来的饭菜原封未动放在那里,便责怪道:“常言说君子不食小人食物,你是不是把我们家当小人了?”范仲淹忙解释道:“不是这意思,我每天喝粥成习惯了,如果吃了你家送来的美味佳肴,会滋生享乐之心,以后就喝不下粥了。”范仲淹的这番话,有一半是真话,还有一半,无疑是以粥怀志,不愿吃嗟来之食。范仲淹就是靠着这种划粥苦读的学习精神,成为北宋时期的著名政治家和文学家。

战国时期,齐国遭受特大旱灾,田地绝收,灾民遍野。有个叫黔敖的大财主平时为富不仁,大灾中,为显示自己的富有和尊严,便拿出一些陈年玉米做成窝头摆在路边。每当有灾民路过时,他便随手丢过去一个窝头,用戏弄的口气说:“叫花子,给你吃吧。”不少饥民见有窝头吃,相互争抢。一旁的黔敖和家奴见了,开心得哈哈大笑不止。这时,有个瘦骨嶙峋的饥民摇摇晃晃走了过来。黔敖见了,担心他死在这里有损自己的声誉,便特意给了两个窝头,还命家奴盛了一碗汤,冲他吆喝道:“喂,给你的,你过来吃吧。”饥民没有理会,仍向前走去。黔敖以为饥民没听到,又叫道:“喂,听到没有?给你吃的。”这时那饥民突然回头瞪大双眼冲黔敖说:“收起你的东西吧,我就是饿死,也不会吃你的嗟来之食。”黔敖一听呆住了,他万万没料到一个饿成这样的灾民,仍然能保持自己的志气和尊严。

其实,人穷点并不可怕,怕就怕丧失志气。身陷贫穷,更应该激发改变现实的斗志。就像范仲淹那样,倘若他不能划粥励志,或许难以成就自己。像这样的事例,古代不少,现实生活中更是比比皆是。中华人民共和国的开国功臣，不少是因家境贫寒，立志推翻剥削阶级而走上革命道路的。还有就是不少贫困学子，为了摆脱贫困窘境，立志发奋苦读才如愿以偿。所以说，无论处在什么逆境中，只要胸怀大志，百折不回，便可实现自己的抱负，这是不争的事实。没有了志气，破罐子破摔，安于现状，只能一辈子被贫所困。

富贵莫要骄横

FU GUI MO YAO JIAO HENG

老子曰:“金玉满堂,莫之能守。富贵而骄,自遗其咎。功遂身退,天之道也。”这段话的大意是:有再多的金银珠宝,如果为富不仁,也是无法守住的。如果有钱有权就骄横跋扈,无疑是自己给自己种下祸根。有再大的功劳,也要懂得收敛自重,这是不可逆转的自然规律。

民间流传着这样一个故事:古时候,有个叫杨溪的富豪,虽家财万贯,为人却极是骄横刻薄,贪婪无比,对穷苦百姓没有丝毫的同情之心。他的朋友陈栋塘劝他说:“一个光是积累财富而不懂得布施的人,必定会遭到奇祸的。你攒下了这么多的财富,唯有多做些善事,才有可能长久保住家财的!”杨溪置若罔闻,心想财富越多势力越大,谁敢惹我!三年后,陈栋塘听说杨溪越发骄横,便对人说:“这个杨溪原来只是贪婪吝啬,令人轻视而已，现在变得如此的骄傲蛮横，什么坏事都敢做，看来离灾祸不远了。”果然没过多久，杨府遭到一伙强盗的洗劫，杨溪也被盗贼所杀。附近村民眼看强盗明火执仗，只因杨溪平日里为非作歹欺压良善，村民对他已是恨之入骨，自然不愿冒死相救。

西晋时期有个叫石崇的人，因为在任荆州刺史期间，不择手段、中饱私囊、搜刮民脂民膏，又暗中抢劫来往富商，成了有名的大富豪。他家的财产究竟有多少，连他自己也不是很清楚。石崇自以为富可敌国，为了争得面子，喜欢与人比富。当时朝中有个叫王恺的大臣，是晋武帝的舅舅，也非常富有。石崇听说王恺家里洗锅用饴糖水，便命家仆用蜡当柴烧。王恺用紫丝布做成四十里布帐，夹道通往他家的大路两旁，此奢举一时轰动了洛阳城。石崇不服气，用绫罗绸缎做了五十里布帐，压过了王恺。王恺十分生气，向晋武帝说起了这事。晋武帝兴致大发，赐给王恺一株两尺多高的珊瑚树。珊瑚树可是稀世珍宝，王恺心想这下石崇该认输了吧！于是他得意洋洋把石崇请到府上，指着五彩缤纷的珊瑚树大大炫耀了一番。哪知石崇冷笑一声，见案头有件铁如意，顺手拿起朝珊瑚树砸去，珊瑚树立时被砸得粉碎。王恺气势汹汹责问石崇为何要砸了自己的珊瑚树，石崇笑哈哈道：“你这株太小，我送你一株更大的。于是叫他的仆人跟自己去搬。王恺的仆人来到石府宝藏库房，立时双眼看花了。只见库房里堆满了各种稀世珍宝，光是珊瑚树，就有几十株，且株株高大光彩夺目，比晋武帝赐给王恺的那株高大绚丽多了。这下王恺不得不甘拜下风。后来，石崇虽然财大气粗富甲天下，但还是被人杀了。正所谓：贪不义财，天理难容；恃富而骄，自食其果。

不以贵贱论成败

BU YI GUI JIAN LUN CHENG BAI

人不分高低贵贱，心却分三六九等。享有权贵不一定就是成功，地位低贱不一定就是失败。衡量一个人是否成功，关键看他做了什么！当地位发生变化时，是否有忍隐之心。

春秋时期的介子推，原是晋国的一个大臣，在宫廷争权内斗中，晋献公之子重耳遭排挤出逃。介子推随重耳逃到卫国地界，因带的资粮被一个随从偷光了，一行人逃入深山，重耳饥肠辘辘，便向一个田夫乞讨。不但没要来饭，反遭一顿戏谑。眼看重耳饿昏了过去，介子推心急如焚，于是当机立断举刀割下自己大腿上的一块肉，和着野菜煮了汤给重耳喝。后来当重耳知道了真相后，很是感动，声称有朝一日做了君王，要好好报答介子推。十九年后，宫廷发生政变，重耳被召回朝廷登上王位，史称晋文公。一朝天子一朝臣，晋文公上任伊始论功行赏分封官爵，朝中冒功争赏者极盛，唯独介子推鄙夷这些而被晋文公遗忘。当有人提及当初介子推“割股充饥”的往事时，晋文公才想起这事，于是准备给介子推封赏官职。而此时的介子推因看不惯那些阿谀之辈，决意不受赏，出宫背着老母亲隐入深山。晋文公在搜寻不着的情况下，下令烧山逼出介子推，介子推宁死不愿出山，最终与母亲抱树而死。后来有人在树洞里发现介子推在衣襟上写的一首血诗："割肉奉君尽丹心，但愿主公常清明。柳下做鬼终不见，强似伴君作谏臣。倘若主公心有我，忆我之时常自省。臣在九泉心无愧，勤政清明复清明。"介子推不恋富贵，并以自己的死劝谏君主要勤政清明。此等浩然正气，可谓震撼世人流芳千古！

人生贵贱，隐藏着许多的机遇和挑战。但是贵而不能忘本，贱而不宜潦倒，这才是大丈夫所为。西汉时期的朱买臣，初时靠卖柴维持生计。不但别人瞧不起他，连他的结发妻子也时常羞辱他，最终忍受不了清贫弃他另嫁。这时的朱买臣，可谓是祸不单行了。但他没有丧志，忍受着妻离和贫困的折磨，一边砍柴一边读书。最终，朱买臣以自己的渊博学识，位居朝中大臣。身居高位的朱买臣，对找上门的贫贱前妻并没像当初前妻羞辱自己一样报复于她，而是尽可能在经济上予以资助。朱买臣的这等胸怀，不能不说是令人称赞。

做人，无论为官还是为民，必须要树立一个宗旨：既要为自己而活又要为他人而活。光为自己而活的人，哪怕官做得再大，也有失败垮台的一天。相反，即便是平民百姓，能够大公无私乐于奉献，也远要比那些坐享富贵的高官活得精彩，活得有尊严。

淡然面对宠辱

DAN RAN MIAN DUI CHONG RU

宠和辱，是两个不同的概念，如何对待宠辱，反映着两种不同的人生取向。古往今来，无数事实证明：身处宠境便得意忘形者，绝没有好结局；遭受逆境能忍辱负重者，必有出头之日！

西汉时期的董贤，因其容貌俊秀受到汉哀帝的宠爱，被升任为黄门郎。董贤以逢迎之能事，受宠日盛，不久又出任驸马都尉侍中。每当汉哀帝乘车外出，董贤必陪伴左右。平时在宫中，董贤不离汉哀帝，几乎是昼夜同寝。一月之内，所得赏赐达一个亿以上。这还不算，没多久董贤又被封为高安侯，食邑一千户。年仅二十二岁的董贤当上了大司马，位列三公。此时的董贤可谓是位高权重风光无限，满朝文武大臣都要忌他三分。然好景不长，汉哀帝去世后，重臣王莽指使尚书弹劾董贤，又以太皇太后的名义免去他的大司马之职。董贤自知死路难逃，当日自杀身亡。董贤落得个如此下场，正如战国时魏国公子牟曾对穰侯说的那样："官不与势期，而势自至；势不与富期，而富自至；贵不与骄期，而骄自至；骄不与死期，而死自至。"

再说西汉开国功臣韩信，小时候家道贫寒，常常食不果腹。当时有个亭长见韩信有些才能，说不定将来会有出息，于是带他到家一连吃了几个月的闲饭。亭长有心救济，可亭长妻子不高兴了。平白无故养这么个外人，心中渐生嫌恶。为避开韩信，每天一早做好饭菜全家便吃了，待韩信赶到她家时，饭菜已全无。韩信是个有志气的人，一怒之下，再没去亭长家蹭饭。为了生存，韩信想以钓鱼糊口。有一天，他在河里钓鱼，钓了一天也没能钓上一条鱼。附近有几个老大娘在河里漂洗丝绵，其中有个大娘同情韩信，便将自己的一半饭菜分出来给韩信吃，两个多月，天天都是如此。直到大娘漂洗完毕要告别时，韩信感动地说："若我将来有出息了，一定要好好报答您老人家。"大娘生气地说："大丈夫不能养活自己！我是可怜你才给你饭菜吃，不是要你报答的！"韩信听了十分感动，发誓要活出个人样来。韩信的贫穷，被很多人瞧不起，那些人常常变着法子侮辱他。当时淮阴城有个年轻屠夫对韩信说："别看你长得高大，又会点功夫，其实是个胆小鬼。"见韩信没答话，又威胁他说："不服是吧，你要是不怕死，就拿剑来刺我。如果怕死，就从我胯下爬过去。"说罢张开了双腿。韩信看了看他，心想论武功，自己是能打过对方的。但对方是一大地痞，那样一来，会引来无尽的麻烦。思前想后了一番，只得牙一咬，忍住心中一口恶气，趴在地上从屠夫胯下钻了过去。满街看热闹的人都认为韩信胆子小，太懦弱无能了。

韩信正是凭着这股子忍劲，卧薪尝胆，不断激励自己勤奋习武钻研兵法，后来终于成为西汉赫赫有名的开国功臣。

宠爱有害，能忍辱者安，这是生活中的一条法则。人生在世，什么事都有可能遇到，每个人都有受宠爱的可能，也有受侮辱的可能，无论是宠还是辱，都不要忘了做人的本色。只有做到宠辱不惊，遇事泰然处之，才不会迷失了自己。

居安思危方可无患

JU AN SI WEI FANG KE WU HUAN

每个人都向往安逸的生活,但世事是不以人的意志为转移的。往往追求生活的安逸,或许离危难的时候不远了。因为过分贪图安逸,容易使人懒惰放纵,丧失志向。一个终日饱食无所用心的人,自然要被时代抛弃。

古代不少人很懂得居安思危的道理。

比如东晋时期的名吏陶侃,为官四十余载,勤勉善断,从不敢懈怠自己。他在任广州刺史期间,因事务比较清闲,为防安逸丧志,每天清晨把数百块砖搬到室外,到了傍晚又搬回室内。无论是刮风下雨,严寒酷暑,如此循环往复,从未间断。有人见了,问他为何要这样折腾。他说:“吾方致力于中原,过尔优逸,恐不堪事,故自劳尔。”乍看起来,陶侃此举徒劳无益,但正是他勤于事务而不让自己有片刻机会贪图安逸享乐,后来他平定陈敏、杜弢、张昌起义，又作为联军主帅平定了苏峻之乱，为稳定东晋政权，立下赫赫战功。由于他精勤吏治，凡是他任职过的地方，百姓安居乐业，治安状况甚佳。在后将军郭默擅自杀害赵胤后，即率兵征讨，不费一兵一卒就擒获郭默父子，因而名震敌国、流芳千古。

有这么一则故事：一只野狼卧在草上勤奋地磨牙，狐狸看到了，就对它说："天气这么好，大家在休息娱乐，你也加入我们队伍中吧！"野狼没有说话，继续磨牙，把它的牙齿磨得又尖又利。狐狸奇怪地问道："森林这么静，猎人和猎狗已经回家了，老虎也不在近处徘徊，又没有任何危险，你何必那么用劲磨牙呢？"野狼停下来回答说："我磨牙并不是为了娱乐，你想想，如果有一天我被猎人或老虎追逐，到那时，我想磨牙也来不及了。平时我就把牙磨好，到那时就可以保护自己了。"野狼磨牙的故事告诉我们：面对平静安逸的环境不放松自己，才有可能做到有备无患，不致被敌人击垮。

以安逸为乐，比鸩毒更害人。且不说人类诸如此类不胜枚举，寒号鸟的故事更堪称典范。秋高气爽之时，其他鸟类忙着衔草结窝准备过冬，而寒号鸟则躺在温暖的草丛里睡大觉。当严寒冬天到来之时，它没地方可去，只能被活活冻死。《孟子》曰："饱食暖衣，逸居而无教，则近于禽兽。"无数事实说明，成功在于勤奋。一味贪图安逸享乐，不但会使自己一事无成，甚至有可能走上犯罪的道路。比如说，有的人好逸恶劳，为了个人享乐，不惜去偷去抢，最后身陷囹圄，断送了自己。这些悲惭的教训，不得不让人深思！

第三章 提升善忍智慧

善忍是一种品性，更是做人的智慧。善忍不是毫无原则的忍让迁就，而重在一个善字。不计个人得失不贪横财是真善，自觉维护国家和民族利益是真善，遇到歹徒行凶挺身而出见义勇为是真善，忠诚祖国胸怀坦荡友爱同志更是真善。倘若遇事只知道忍气吞声以保全自己，绝无善忍智慧可言。

忠诚是气节之魂

ZHONG CHENG SHI QI JIE ZHI HUN

做人不可缺乏气节，没有了气节的人只能算是人类的渣滓。在民族大义面前，要忠诚于党忠诚于祖国。忠诚是气节之魂。

唐代名臣颜杲卿，原是安禄山的部下。“安史之乱”中，与堂弟颜真卿组织义军奋勇讨伐叛贼安禄山。经过数次奋战，收复了被叛军占领的大部分城池。不久安禄山部将史思明率领叛军攻破了常山城，负责守城的颜杲卿、袁履谦等因势单力薄，被叛军俘获，将其送到了洛阳。盘踞在洛阳的叛军首领安禄山厉声质问颜杲卿：“从前是我奏请把你从范阳户曹任上升任为判官，你才得以任光禄、太常二丞，代理常山太守的。我于你有提携之恩，你为什么要背叛于我？”颜杲卿怒目而视道：“我家世代为唐朝大臣，沐浴皇恩，应永远信守气节，忠于皇上。即使你当初对我有奏请之恩，也不能为一己私利而背叛朝廷。倒是你,本是营州一个牧羊的奴隶,因得到皇上的恩宠,才有高官厚禄。你不思报效朝廷,反而聚众谋反,皇上有什么事负于你,而你竟要反叛朝廷呢?”颜杲卿的一席话使安禄山勃然大怒,下令将颜杲卿绑在天津桥的柱子上,要肢解并吃他的肉。颜杲卿毫无惧色,仍破口大骂奸贼乱臣。安禄山命人割去他的舌头,颜杲卿仍不屈服,横眉怒视着安禄山。最后,颜杲卿被安禄山残忍地杀害,时年六十五岁。同一天,颜杲卿的幼子颜诞、侄子颜诩以及袁履谦,都被肢解,其残忍手段令人发指。颜杲卿坚贞不屈的民族气节,令世人传诵和赞叹!

抗战期间,类似于颜杲卿的英雄人物数不胜数,他们为了维护祖国和民族的利益,勇往直前抛头颅洒热血,写下了无数可歌可泣的动人诗篇。但也有那么一些贪生怕死之徒,为了谋取个人的荣华富贵,置国家与民族危亡而不顾,成为出卖祖宗的汉奸卖国贼。有道是“天理昭昭,报应不爽”,凡心怀民族气节的英雄人物,至今为广大民众所歌颂;而那些卖国求荣丧失气节的败类,还有那些不顾国家民众存亡贪婪成性的腐官,历代都遭受世人的唾骂。这是不可逆转的历史规律,任何人也无法篡改。

忠诚是气节之魂,对国家和人民要怀忠诚之心,对待我们身边的人和事,也要有忠诚之德。所谓的忠诚之德,就是不欺诈、不隐瞒、效忠正义、坦荡做人的品德。尤其是在国家利益和个人私利面前,要分清主次明辨是非,哪怕面前的诱惑再大,不属于自己的东西,坚决不取。在这个物欲横流的社会,做人要懂得善于忍控保持定力。这种定力,就是做人的原则和气节。

不可忽视的孝道

BU KE HU SHI DE XIAO DAO

孝道,历来是中华民族的传统美德。自古以来,在“百善孝为先”的思想影响下,孝道作为一种文化传承和行为规范,历来被广大民众所推崇。先哲孔子对孝道的见解十分的精辟,他说:“夫孝,德之本也,教之所由生也。身体发肤,受之父母,不敢毁伤,孝之始也,立身行道,扬名于后世,以显父母,孝之终也。夫孝,始于事亲,中于事君,终于立身。”意思是说:孝道是人品德的根本,孝道的产生源于教育。一个人的身体,包括头发肌肤都是父母给的,要十分珍惜,不能随意毁坏伤害,这是孝的基本要求。一个人要有自己的事业,做出成绩,这是孝的最高境界。履行孝道,开始于对父母的孝敬,然后忠诚为君王和国家做事情,这就是大孝。孔子的这番话,阐述了小孝与大孝的辩证统一关系。即孝道从孝敬父母开始,此为小孝;忠心耿耿为君主和国家做事情,即是大孝。小孝与大孝没有本质的区别,只有具备小孝的人,才能够有大孝。孔子的孝道观,无疑奠定了中华民族孝文化的基础。

孝道作为一种道德文化,关系到每家每户甚至于每一个人。从古至今,涌现出了许多感人至深的孝道故事。有的人为了孝敬父母,置自身利益而不顾,被世人广为称颂;有的人百般嫌弃父母,做出丧尽人伦之事,遭到世人唾骂。

宋朝的包拯,考上进士出任建昌知县后,因父母亲不愿随他到建昌生活,他便毅然辞去官职回家照顾父母。直到父母去世后,他才在乡亲们的劝说下,重新踏入仕途。

宋朝的朱寿昌,七岁时生母刘氏遭父亲正房的嫉妒,不得不改嫁远方。神宗年代,朱寿昌入朝为官,因思母心切,曾刺血书写《金刚经》,四方打探生母的下落。当得到线索时,弃官到陕西寻找生母,发誓不见母亲永不返回。后来终于找到了母亲和两个弟弟。母子欢聚后,携母亲和两个弟弟一起返乡,这时他母亲已经七十多岁了。

且不论这二人为尽孝辞官的行为如何,其孝道精神无疑是永远值得世人称道和赞颂的。然与其截然相反的是,有不少人视父母为累赘,忤逆不孝、吞噬良知。

古时候,有个官员赴雷州府就任知府,他携带妻儿上任,唯独丢下瞎眼老母亲一人在家。临行前,他对老母谎称路费不够,说到任安排妥当后再派人来接她。又骗老母说房租已交够一年, 也与钱庄说好每月会按时给她送生活费。双目失明的老母亲无法,只好听其摆布。然不到一个月,房主就向老母催要房租，原来她儿子根本就没交房租。这还不算，钱庄也没送钱给他老母，一切都是个骗局。老母孤苦伶仃生活无着落，天天痛骂不孝子丧尽天良。她哪里知道，她儿子一家赴任乘船路经高邮湖时，刚巧岸上在举行庙会，随行人员便将船舶停靠岸边去逛庙会了，只有逆子夫妻在船上睡大觉。船夫已窥视其丰厚财物多时，便趁其不备杀死逆子夫妻俩，然后扬帆远去了。

这故事之所以流传至今，不仅这是忤逆不孝遭报应的典型事例，也是在提醒人们：身为人子不守孝道忤逆父母，天理不容。

说到这儿，不由又想起了古时候的另一则故事：

有个人嫌弃自己的老母亲，总看不顺眼。一天，他准备了一辆推车，哄骗老母说推着她一块去走亲戚。老母亲很高兴，待她坐上推车后，他叫上儿子，将老母亲推到荒无人烟的深山之中准备丢弃。这时他要将推车推回家，他说："还要推车有什么用？我们赶快回家吧。"他儿子一本正经地说："有用的，将来你老了，它还用得上。"他听了儿子的话，立时大惊。细思之下，觉得自己这样做太没良心了，而且，这种极其恶劣的行为也会给后人带来不利的影响。于是，他跪在老母跟前痛哭忏悔过后，仍然将老母亲推回家中，自此孝敬有加。

每个人都是父母所生，而每个人都有老去的那一天。孝道是品德之根本，孝敬父母，其实也是在善待自己。人老如少，无论父母有多少毛病，也要善于忍受。今天的忍耐，也是为自己的后来积下福报！

仁人最受人敬重

RENREN ZUI SHOU REN JING ZHONG

仁人即有仁德的人。所谓“仁”,是中国一种含义最广的道德范畴,仁德,指做人宽厚仁义,慈悲为怀,也指淡泊名利,不贪身外之财。正如孔子所言:“富与贵,是人之所欲也,不以其道得之,不处也;贫与贱,是人之所恶也,不以其道得之,不去也。”

三国时期,刘备以仁德著称。之所以如此,在于他深知“得人心者得天下”的道理。所以蜀国政权才会由小到大,由弱到强。历史记载:在攻城掠地的战争中,刘备与那些凶残成性、暴虐嗜杀的军阀是有区别的。建安十三年,曹操率军南征荆州,适逢刘表病死,刚刚继位的刘琮不战而降。此时,诸葛亮建议刘备攻刘琮夺取荆州,刘备觉得这是趁火打劫,答道:“吾不忍也。”一次刘备由樊城向南撤退时,加上百姓共有十余万人,又有辎重数千辆，日行只有十余里。虽派关羽率部分军队乘船赶赴江陵，为恐防不保，便有人劝刘备抛开百姓速行增援江陵。刘备断然拒绝道："夫济大事必以人为本，今人归吾，吾何忍弃去！"刘备宁愿失城也要保护老百姓的举动，在历代君主中，实不多见。正是他的仁德之心，得到了百姓的敬重，故而开创了当时强盛的蜀国基业。

春秋时期，孔子路经宋国，宋国的司马桓魋误以为孔子的到来会威胁到自己的地位，于是纠集一班人要加害孔子。危急关头，孔子面不改色道："天生德于予，桓魋其如予何？"也正是这句话镇住了桓魋，碍于孔子的声望，最终不敢对他怎么样。孔子认为仁可以征服一切，至于什么是仁，他提出了一个行为准则，即"非礼勿视，非礼勿听，非礼勿言，非礼勿动。"孔子这里所说的礼，其实是一种仁德的体现。

春秋时代，著名思想家老子的老师常枞病了，老子前去看望。老子见老师卧病在床，便伏前问道："老师病得如此严重，对弟子有什么遗教吗？"常枞说："你不问，我也要说了。"于是对老子说："经过故乡要下车，你记住了吗？"老子答道："记住了，老师是要我们不忘旧。"常枞点点头，又说："看到乔木要迎上前去，你懂吗？"老子说："看到乔木迎上前，老师是要我们敬老。"常枞说"是这样的。"这时，常枞张开嘴给老子看，并问道："我的舌头还在吗？"老子点头说："当然在的。"常枞紧接着问："那我的牙齿还在吗？"老子摇头说："没有了。"常枞又问："舌头在牙齿没了，你知道是什么原因吗？"老子答道："舌头之所以在，因为它是柔软的；牙齿没有了，是因为它太刚硬容易蹦断。"常枞长吁了一口气，高兴道："你说得很对。这些道理把世上的事情都包含了，我还有什么可以教你的呢！”从老子与常枞的对话中不难想象：柔即为仁德，只有具备仁德之心，才可能立于不败之地。

社会生活复杂多变，诱惑与陷阱充斥其中，很多时候，有的人就是把持不住自己，最终摔跤，跌得身败名裂。真正具有仁德心的人，有不可动摇的定力，有良好的道德操守，能在任何情况下遵纪守法，保持气节。正所谓出污泥而不染，为民众而身先士卒。做人唯有如此，才能受到大家的敬重！

讲义气要守规矩
JIANG YI QI YAO SHOU GUI JU

做任何事情都要守规矩，没有规矩不成方圆。对朋友讲哥们义气也一样，遇事要三思而后行。无论发生什么事，不可忘记规矩在前义气在后。若是为了所谓的朋友义气不分青红皂白两肋插刀，到头来只会悔恨终生。

网上流传这么一桩案件：某日凌晨，在娱乐场所玩耍的王某的手机急促地响了起来。他接听后，得知是朋友张某与袁某发生口角在打架，张某要王某赶去帮忙。王某听说朋友被人欺负，气不打一处来，火速赶到打架现场。恰好看到袁某手举钢管追着张某殴打，于是挺身向前控制住袁某。张某见有机可乘，用石块猛击袁某的头部，与此同时王某夺下袁某手中的钢管，对着袁某的腰部猛地一击，袁某倒地不起。紧接着张某与王某又继续用钢管对袁某进行殴打，直到民警赶来才丢下钢管仓皇逃离现场。

王某惶恐不安回到家中，家人见他魂不守舍的模样，再三追问才得知他闯下了大祸。家人知罪责难逃，准备天亮后带王某去公安机关自首。然未等天亮，公安人员便来到了王某家中，将其带走。被害人袁某因颅脑重度损伤，多器官功能衰竭死亡。案件经法院审理，判处王某有期徒刑12年，赔偿被害人家属医疗费、丧葬费等共十二万元。不能不说，这桩案件的教训是极其惨痛的。假若王某稍有些法律知识，到了斗殴现场劝解双方而不是充当朋友的帮凶，那么结局也许会是另一个样子。类似于这样的事例并不鲜见，重哥们义气置法律与人道而不顾，最终只能是搬起石头砸自己的脚。

可以说重义气讲感情是中华民族的传统美德，但前提是不损害国家和他人利益。

古代有不少这方面的例子，比如说三国时期的吴国大将军吕蒙，他智勇双全且不乏情义，堪称古代典范。有一个东吴士兵，与吕蒙是同乡，平时也相互认识。有一次行军天下大雨，士兵便随手拿了老百姓一顶斗笠遮盖铠甲。吕蒙知道这件事后，以违反军令罪要将士兵处斩。有人劝他说一顶斗笠是小事，何况又是同乡人，免罪算了。吕蒙说：虽是同乡人，犯了军令不能不治罪。为严肃军纪，他最终还是把士兵杀了。此事传遍军中，吕蒙治军严明，从此谁也不敢再违犯军纪骚扰百姓。

《三国演义》中诸葛亮挥泪斩马谡的故事，不少人都知道。

马谡曾为蜀国立下赫赫战功，但在驻守街亭时，骄傲轻敌，违背指令擅作主张，最终导致街亭失守，故而打乱了诸葛亮的整个战略部署，战局发生骤变，诸葛亮只得退回汉中。诸葛亮深知造成这一被动局面的人是爱将马谡，为了严肃军纪，只得下令将马谡革职入狱，斩首示众。

若是重哥们义气，完全可以抓个替罪羊了事。但诸葛亮明白，在大是大非面前，决不能包庇迁就。倘若不严惩祸首，将无法统帅指挥军队。

礼节的魅力
LI JIE DE MEI LI

我国自古以来就是礼仪之邦，积累和传承了许许多多的礼仪节操，讲文明有礼貌成为了中华民族的传统美德。从古至今被拿来教育子女的《孔融让梨》故事便是一例。

孔融小时候不但聪明好学，并且很懂得礼节，父母很喜欢他。有一天，父亲买了一些梨子，特地拣了一个最大的给孔融吃。孔融摇摇头，另拿了一个最小的梨子说："我年纪小，应该吃最小的，那个大的留给哥哥吃吧！"孔融父亲见孔融拣了个最小的，便说："这个最小的留给你弟弟吃吧。"孔融答道："我是哥哥，应该让着弟弟才对。"父母亲见孔融如此懂事，非常高兴。此事传开后，受到乡邻们的广泛称赞。事情虽小，却足以看出孔融的优良品德，这也是孔融日后成为东汉末年文学大家的原因之一。

孟子曰:“老吾老,以及人之老;幼吾幼,以及人之幼。”意思是说尊敬我的长辈,继而推广到尊敬他人的长辈;爱护自己的晚辈,也要爱护他人的晚辈。孟子的这番话,囊括了做人的大道理。

明朝时期,有个叫张晋的人娶了一户富家小姐刘氏为妻。张晋的母亲非常蛮横,之前张家三个儿媳妇因为受不了婆婆的虐待而离开了张家,刘氏是张家第四个儿媳妇。刘氏嫁到张家后不久,婆婆非常喜欢她。这时便有人问刘氏被喜欢的原因,刘氏坦然道:“没别的,只有顺从两个字。只要是婆婆的教训,我都一一遵从;婆婆要我做或者婆婆发脾气时,我极力忍受不会当面顶撞,以后找机会慢慢向婆婆解释事情的是非曲直。且说话的态度以商量的口气,所以我说的在理,婆婆没有不听的。”在刘氏的影响下,婆婆竟然变得慈祥通情达理起来。

由此可知,人与人之间相处,重要的是要懂得包容,善于隐忍。若是以恶制恶,以怨报怨,只能加速矛盾的激化,丝毫解决不了根本问题。比如说现在最难处理的婆媳关系,说到底是做儿媳的肚量和胸怀不够宽广,若是能像刘氏那样善于忍耐以德报怨,再大的矛盾也能化解。

礼节与一个人的修养水平息息相关, 好的礼节能产生无穷的人格魅力。很多成功人士之所以能顺风顺水咤吒商场,不可或缺的是一种高超的礼节涵养。可以说,良好的礼节是成为成功者的重要要素。礼节如何,关系到人的尊严甚至荣辱成败。然人聚一百形形色色,不懂礼节有辱脸面的事时而发生。前些年某地竟出现了颇具讽刺意义的一件事,说是有位外国人教中国人如何文明如厕。这话听起来叫人不可思议,素有文明礼义之邦美称的中国人连上厕所都要外国人来教,岂不是叫人贻笑大方。但不管是真是假,重视礼节修养很重要,任何时候都不可忽视。

有智慧的人善于忍让

YOU ZHI HUI DE REN SHAN YU REN RANG

不少人感叹:做人难,人难做。难在什么地方?不外乎处理事情出现意外而招致麻烦。其实,对待任何事物,说简单便简单,说复杂便复杂。要想摆脱麻烦,置身于游刃有余的境地,关键在于低调做人善于忍让。有道是"枪打出头鸟",真正有智慧的人,不会争强好胜表现自己,而是以大智若愚的风格赢取胜利。

战国时期,晋国出兵攻打齐国,大获全胜后班师回国。大军进入都城时,官民夹道欢迎。上军将范文子有意走在队伍的末尾,他父亲范武子问他身,为一个战功显赫的上军将,为何要走在队伍的最后!范文子说:"这次统军主帅是郤克,我若是先进城必引人注目,有喧宾夺主之嫌,所以必须先让郤克进城。"范武子见儿子如此明事理,赞叹道:"我知道你一生可以免除灾祸了。”正因为范文子不贪功不娇宠，广受人称道，被誉为良识派大夫，意思是有良好的识相能力和智慧。

隋朝时期，隋炀帝残暴成性。在他的暴政统治下，不但各地农民起义风起云涌，隋朝的许多官员也纷纷倒戈，加入起义军阵营。因此，隋炀帝对朝中大臣，尤其是外藩重臣，更是疑心重重，担心有人反叛他。这些大臣当中，唐国公李渊曾担任过中央和地方官，因善于结纳英雄豪杰、树立多方恩德，声望很高，不少人纷纷归附于他。如此一来，唐国公无疑成了隋炀帝的心腹之患。一天，隋炀帝下诏命李渊到他的行宫去觐见，李渊称病未能前往。隋炀帝很不高兴，越发猜疑李渊图谋不轨。于是，他将李渊在皇宫当妃子的外甥女王氏召到跟前，责问她为何李渊抗旨不来面君。王氏回答说舅舅不是有意抗旨，是因为重病在身。隋炀帝气愤地咒骂道：“会死吗？”后来王氏将这话传给了李渊，李渊深知隋炀帝早已容不下自己，但过早起兵又力量不足，于是只好隐忍等待。为了消除隋炀帝的疑虑，他故意败坏自己的名声，表面上整天沉湎于声色犬马之中，仿佛成了个贪图享乐的庸官。隋炀帝听到这些，才放松了对他的警惕。李渊利用这一时机招兵买马扩充实力，才有了后来的太原起兵和大唐帝国的建立。倘若，当初李渊听到隋炀帝的怒骂便暴跳如雷莽撞起事，或许历史上便没有唐朝。

小不忍则乱大谋，还会给生活平添许多烦恼。忍让不是懦弱，而是聪明人的一种智慧。

明朝的杨翥任翰林院修撰时，一家住在京城。有一天，邻居家丢了一只鸡，破口大骂姓杨的偷了他家的鸡。家人告诉杨翥，杨翥笑了笑说：“我们没偷他家的鸡，何况天底下又不止我一家姓杨，由他去骂吧。”

这虽然只是生活中的一个小插曲，却反映出杨翥的善忍和宽大胸襟。要是换作别人，平白蒙受冤枉或许会与之对骂甚至动武，那么后果是不堪设想的。生活中，“牙齿咬舌头”的事时有发生，若是不知忍让，往往会酿成大祸。

某村有户赵姓人家丢了一只鸡，他怀疑是素与他有隙的王姓人家偷去了，于是指桑骂槐恶语相加。王姓人家明白对方是在骂自己，怎么也忍受不了这口冤枉气，于是冲上前施展拳脚，没有防备的赵某人被打翻在地。赵家两个正在地里劳作的儿子听说王姓人家打了父亲，高举着锄头赶到现场双双对着王姓人家劈头盖脸挥去。王姓人家虽然有些功夫，但一人难敌四手，加上对方挥锄猛劈，没几下便被打翻在地，头上身上几处地方血流如注。当他被人送到医院救治后，虽保住了性命，却因脑组织严重挫伤，成了重度残疾。

虽然赵家两个儿子按律伏法，然王姓人家的不善于忍让，酿成了这起本不该发生的悲剧。同样是为了一只鸡，杨翥的忍让和王姓人家的冲动，出现了两种截然不同的后果。俗话讲“忍得一时之气可免百日之忧”，世间许多事往往败在忍不住中。能忍者成大事，不忍者多忧患。善于忍让的人不是胆小怕事，而是胸襟豁达。可以说，懂得忍让是聪明人才有的智慧。

诚信比生命重要

CHENG XIN BI SHENG MING ZHONG YAO

讲诚信才能立身,没诚信遭人鄙视。人与人之间,唯有诚信才能架起友谊的桥梁。否则,口是心非到处哄骗,势必成为孤家寡人。所以说,诚信比人的生命更重要。

战国时期,楚国围攻宋国,宋国向晋国求援。晋宣公便派大夫解杨前往宋国,告诉他们晋国正准备派军队救宋。不料去宋国途中,解杨被楚军所俘。楚军威逼利诱解杨,要他假传宋宣公的命令,说晋国不准备救宋国,解杨表面答应了下来。当解杨登上宋军的城楼后,便如实告诉宋国晋军救宋的消息。楚国知道后,派人抓住了解杨并要杀他,解杨正气凛然道:“君能够下达命令是义,臣接受命令,这是信。信能载义而行,这是利。行义不能相信别的,要信就不能听两种命令。你们买通我,这是不知道命。我答应了你们，是为了完成晋君的命令，我死了但完成了任务，是我尽了臣子的责任，我死得其所，还有何求呢？”楚国人被解杨恪守信义的诚心所感动，不但没杀他，还释放了他。倘若解杨背信弃义，像近代史上的汉奸一样卖国求荣，不但为楚国人所不齿，更会被晋国所不容。

事关国家大事要恪守诚信，生活中的细小事情也要言而有信，这样才能得到他人的信任。春秋时，孔子的学生曾子不但学问好，还是个非常守信誉的人。

有一天，曾子的妻子要去赶集，孩子哭闹着也要跟去。他妻子便哄孩子说：“你不要去了，我回来杀猪给你吃。”当曾妻赶集回家时，见曾子正准备要杀猪，曾妻忙上前阻止。曾子正色道：“你欺骗了孩子，孩子以后就不会信任你。”说完，果真把猪杀了。

曾子的这一举动，不但教育了妻子，也培养了孩子守信用的品德。

大凡人都有个警戒心理，第一次被骗后，不会再有第二次上当了，不少人都听说过《狼来了》的故事吧！有个放羊娃为了取乐，在没有狼的时候大喊着“狼来了”。当狼真的来叼羊时，他再怎么呼喊，也没人相信他了，这就是不诚信的苦果。“诚信为人之本”是大文学家鲁迅的呐喊，当一个人失去了起码的信用后，这个人的话会为世人所不信赖，也意味着个人形象的终结。道理很简单，谁会愿意与一个言而无信的人来往呢！所以说，做人，要诚信在先，答应了的事，想方设法也要办到。做不了的事，千万不要信口开河。世事瞬息多变，往往不以人的意志为转移。哪怕是面对最亲的人最好的朋友,也要给自己留有回旋余地,不宜把话说得太死。宁愿做行动的矮子,也不要做语言的巨人。

得意不宜忘形

DE YI BU YI WANG XING

春风得意马蹄疾，是人人都向往的美好境界。然人生注定要受些苦难，不会事事都顺风顺水，不如意之事十之八九。无论处于何种境地，要善于沉着忍耐，得意之时不宜忘形，失意之时不要失态。

清代小说家吴敬梓创作的小说《范进中举》中的范进，就是一个因得意忘形喜极而疯的典型人物。范进通过乡试高中举人后，乐极生悲以致疯癫。造成这一后果的成因，是范进之前饱受周围人的白眼，当听到中举的喜讯后，一股扬眉吐气的得意感油然而生，其精神突然进入激烈状态而裂变。

倘若范进以平常心待之，也不会引发疯癫断送了前程。有个《狮子和蚊子》的故事，很有哲理性。

有只蚊子飞到狮子面前对它说：“虽说你高大健壮，我并不怕你。你要是不相信，我们不妨较量较量吧！”说罢吹着喇叭冲过去，专咬狮子鼻子周围没毛的地方。狮子气得用爪子把自己的脸都抓破了，也奈何不了蚊子。蚊子战胜了狮子，得意忘形，吹着喇叭高奏凯歌翩翩起舞，不料一头撞到了蜘蛛网上被粘住了。

这虽然是个故事，但生活中类似蚊子的事件并不少见。

某重点中学高二班的王三学习成绩名列前茅，他不但超前学完了高二的课程，高三的基础课也学得八九不离十了。所以王三不免沾沾自喜起来，常在人前夸耀自己如何的聪明，更瞧不起那些成绩不如他的学生。这年高考时，有个家长花重金雇他替儿子代考。王三觉得这是个施展才华的机会，同时也可以摸摸底，好来年参加高考时考个顶尖学府，于是满口答应下来。没想到在验证准考身份证时，王三被当场戳穿。可谓是偷鸡不着反蚀米，王三不但未能赚上外快，还被取消参加来年的高考资格，大好前程由此断送。

美国石油大王洛克菲勒曾说过：“当我的石油事业蒸蒸日上时，我每晚睡觉前总是拍拍自己的额头说：‘别让自满的意念搅乱了自己的脑袋。’我觉得我的一生受这种自我教育的益处很多，因为经过这样的自省后，我那沾沾自喜、自鸣得意的情绪便平静下来了。”人生处在顺境中最容易得意忘形,而得意忘形最容易乐极生悲。看过美国动作电影《木马屠城记》的人都会记得特洛伊是怎样被灭亡的。特洛伊人与侵略联军作战,一次联军中有人献计:假装全部撤退,阵地上只留下一匹大木马,并将勇士藏在木马腹内,其他主力部队亦躲藏在附近。特洛伊人以为联军真的撤退了,于是将“战利品”大木马拖入城内。全体将士为庆祝胜利,歌舞狂欢饮酒作乐,完全放松了警惕。当他们得意忘形的正在睡梦中时,藏在大木马中的联军纷纷跳出来打开城门,与城外的联军里应外合,轻而易举赢得了战争的胜利。这个故事告诉我们:不要被一时的得意冲昏了头脑,否则危机就在眼前。

成就自己要懂得制怒

CHENG JIU ZI JI YAO DONG DE ZHI NU

“怒”,是人的七情六欲之一,生活中有许多不如意之事会使人怒气横生。然怒气又是影响正确判断力,导致人步入歧途的诱因。所以我们要培养自己,无论遇到什么生气的事情,都要强迫自己冷静下来,把怒火控制在萌芽状态。

美国前总统林肯制怒的方法堪称典范。当年有个叫斯坦顿的陆军部长来到林肯的办公室,气呼呼地向林肯告状,说一位少将用侮辱的话指责他,而其所言并非是事实。林肯听了后,并没安慰斯坦顿,而是建议他写一封措辞激烈的信回敬对方。斯坦顿听总统这样说,觉得是泄愤的办法,于是很快回办公室写了封信拿给林肯看。林肯看过信后,点头说:“对了,就这样,写绝了。要的就是这种效果,得好好教训他一顿出口气。”当斯坦顿

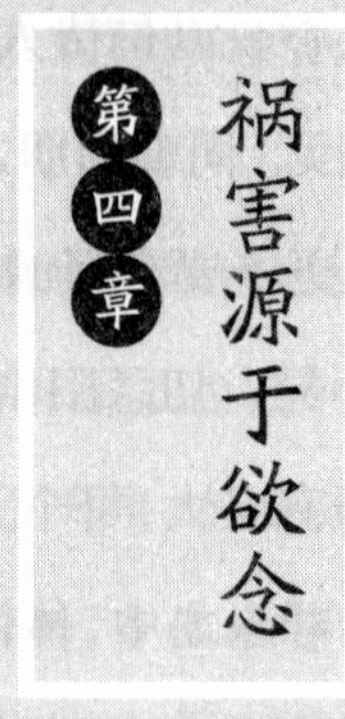

第四章 祸害源于欲念

生活中充斥了太多的欲惑，衣食住行无所不在，若是不懂得节制，会使人流连忘返乐此不疲。然而也正是这种不加节制的追求，最终祸起萧墙者数不胜数。庄子曰：“小惑易方，大惑易性”。深陷诱惑中的人，不但容易迷失方向，更会忘记了做人的本性。可想而知，迷失方向忘却本性的人，自然已离祸害不远。

大丈夫应处变不惊

DA ZHANG FU YING CHU BIAN BU JING

生活中充满太多不可预知的变数，很多事情不会以人的意志为转移。面对种种突如其来的变故，意志坚定且有思想准备的人会淡然处之；而那些崇尚虚荣、在蜜罐里泡大的人往往会手忙脚乱惊慌失措。

唐朝大臣裴度任中书侍郎时，有一天小吏发现中书省的省印不翼而飞。此消息不啻一枚炸弹，中书省的大小官员全被炸了窝。大家都知道，丢了官印，朝廷追究下来，官帽保不住是小事，搞不好要掉脑袋的。于是，不少官员惊慌失措，部署追查官印的下落。裴度镇定自若挥挥手叫大家不要惊慌，笑了笑说："大家不必惊慌，也不要去追查了。"众人十分不解，主官发了话，但又不好直问，只得心事重重回到自己的岗位上。没多久，小吏又来报告说"省印找到了，仍放在原来的地方。"裴度听了，毫不在意地点了点头，而那些同僚悬着的心虽落了地，但仍是一脸的迷茫，不知侍郎大人是怎么得知官印不会丢的。裴度看出了同僚的想法，笑了笑说："你们可曾听说过后汉曹州济阳县县印丢失之案？县印由县令和主簿共同保管，外人无法接近。发现县印丢了后，县衙众官十分惊慌，主簿却神态安详叫众人不要声张。他向县令汇报之后，便不露声色暗中进行查找。果然在县令房舍的灶屋煤堆里找到了县印。原来素有谋略的主簿知道县令的正妻与妾不和，而县令偏爱正妻，县印被盗定无外人可得手，必与县令的妾有关。但又不能声张，恐防盗印人情急之下将县印毁掉。今日我处省印突然丢失，我料定无外人，定是本处吏人盗取省印去印署驿券了，用完必会送完原处。若刚才急于追查，盗印者会怕承担罪名而将其毁灭。"同僚们一听，这才恍然大悟，纷纷称佩裴度处变不惊的智慧。

处变不惊是人生的修养和智慧，也是一种善于应对复杂局面的能力。很多人看似坚强，而当发生突发事件时，便有些惊慌失措。真正有才能的人，必有驾驭复杂局面的能力。

清代大才子纪晓岚处变不惊的能力堪称典范。有一年夏天，宫廷进了不少新扇子。按照习俗，都喜欢在扇子上题些字画。于是乾隆皇帝把自己最喜欢的扇子交给纪晓岚，让他把王之涣的一首《凉州词》题写上去。不知是什么原因，经晓岚在题字的时候把"黄河远上白云间"的"间"字给漏掉了。乾隆帝看了，大为不快，把扇子丢给纪晓岚，说他有欺君之罪。纪晓岚仔细一看，才知写漏了一个字。此时的他没有像有些人那样跪地认罪，而是脑筋一转，笑着说："启禀皇上，这不是诗，而是一首词。"乾隆帝稍带怒气不解道："明明是一首诗，怎么成了一首词？"纪晓岚不慌不忙道："皇上息怒，请让微臣念给皇上听。"接着念道："黄河远上，白云一片，孤城万仞山。羌笛何须怨，杨柳春风不度玉门关。"乾隆帝一听，虽然断句变了但意思没变，竟转怒为喜，不但没治纪晓岚的罪，还连夸他机敏才智过人。

假若纪晓岚惊慌失措跪地谢罪，那么结局必然是另外一番情景。所以说，机敏果断临危不乱，最能反映一个人的才能和胆识。为了应对突发事件，哪怕是歪才歪点子，只要不伤大雅不违反原则，均是可取的。培养这种能力，不但要有广博的知识，还要有遇事不慌泰然处之的态势，两者缺一不可。

坦然面对污辱

TAN RAN MIAN DUI WU RU

世上最难受的莫过于受人污辱。很多时候，有些人平白遭受他人污辱时，要么是以牙还牙拳脚相加，要么是一蹶不振松懈斗志。然不少人却能忍辱负重，积蓄力量以图东山再起。

古代最典型的例子有“卧薪尝胆”的故事。

春秋时期，吴国和越国发生了战争，越国被吴国打败。越王勾践被吴王夫差俘虏。勾践到了吴国，夫差让他们夫妇俩住在阖闾的大坟旁边一间石屋里，叫勾践给他喂马，范蠡跟着做奴仆的工作。夫差每次坐车出去，勾践就给他拉马，这样过了两年，夫差认为勾践真心归顺了他，就放勾践回到越国国都会稽。此时的越国完全在吴国的掌控之下，根本无法与吴国抗衡。于是勾践回到会稽后，用柴草当作褥子，又在坐卧的地方挂了个苦胆。

睡觉时躺在柴草上，面对着苦胆，吃饭时尝尝苦胆，以此提醒自己时刻不忘战败蒙受的耻辱。为了重振国威，勾践不但亲自参加耕种，还叫他的夫人自己织布，来鼓励国民生产。因为越国遭到亡国的灾难，人口大大减少，他订出奖励生育的制度。又叫文种管理国家大事，叫范蠡训练人马，自己虚心听取别人的意见，救济贫苦的百姓。全国的老百姓饱受了亡国之苦，与勾践协力同心，一心雪耻，把受欺压的国家变成强国。就这样，越王勾践经过十年的励精图治，国力大增，最后终于打败了夫差，灭掉了吴国。

近代历史上，不乏面对污辱镇定自若的例子。

比如素有“牛仔总统”之称的美国前总统布什，在卸任前最后一次访问伊拉克的记者会上，一名仇视他的伊拉克记者连续两次向他投掷鞋子。在这种公开场合胆敢向大国总统掷鞋，简直是无法无天了。但是布什闪身避过鞋后，并没气急败坏惩治那个记者，而是面带微笑安抚大家要冷静，并双手一摊，幽默道：“这就像有人在政治集会上叫嚣一样，想引人注意呀！我没受影响，他掷中我又如何？真相是，那是一只 10 号鞋，多谢关心。”

还有就是美国前总统克林顿在波兰首都华沙旧城参观时，被一名反全球化的示威者以鸡蛋掷中手臂。但克林顿没有生气，只是脱下外套继续散步，并向游客签名问好。当有人问及他当时的感受时，他淡然笑道：“掷鸡蛋的人手劲不够。”两位总统面对侮辱他们的人能如此镇定自若，足见其修养与定力。

污辱他人是一种最愚蠢的小人伎俩，我们每个人或多或少都有被污辱的经历,面对污辱,有的人会暴跳如雷,有的人会以牙还牙实施报复,真正能冷静应对的人恐怕不会占多数。要知道, 污辱大多数构不成伤筋动骨,何必去计较呢? 有些事情越去计较越麻烦,不如置若罔闻的好。比如,一条狗追上来咬你,你越是逃跑,狗越会追着你咬。若是立在原地不动,狗顶多也就“汪汪”狂叫几声不敢真的冲上来咬人。坦然面对污辱是一种境界和修养,而这种境界和修养的形成,完全取决于平时的学习和修炼。

不要在意别人的诋毁

BU YAO ZAI YI BIE REN DE DI HUI

喜欢议论诋毁别人的人，通常都是无能的人。因为无能产生忌妒，只有忌妒他人的人，才会去诋毁别人抬高自己。这世上，凡有能力的人习惯用事实说话，而一些没有能力的人，才喜欢用嘴巴说话。

面对他人的诋毁和攻击，我们应该怎么办？有个小故事说得很透彻。

从前有个高僧路过某地，遭到一个人的侮辱谩骂，高僧无动于衷没听见一般。这时有人问高僧："你为什么不回嘴呢？"高僧笑了笑说："如果别人送东西给你而你不要，那东西还是别人的。"高僧的如此心境，的确值得称道。所以说，无论别人怎么贬损你，你若置之不理，最终你还是你。如果你针锋相对回敬对方，那么说明你是接受了别人的诽谤，随之而来的，必是心情的郁闷和痛苦。

言为心声,一个怎么样的人,才会说出怎样的话。有句话叫"以小人之心度君子之腹",居心不良的人往往会怀疑别人图谋不轨;高尚纯洁的人,看世界则是到处充满阳光。

宋代大才子苏轼有这么个故事，虽说苏轼并非居心不良只是一句戏言,却道出了人生哲理。有一天,苏轼与好朋友佛印谈论佛道,谈到最后,苏轼问佛印道:"你看我是什么?"佛印不假思索道:"你是一尊佛。"苏轼听了十分高兴,正暗自得意时,佛印问苏轼:"你看我是什么?"苏轼见问,便故意贬损佛印道:"我看你是一坨屎。"佛印听了黯然无语。苏轼以为赢了佛印,十分得意,却不料被他的妹妹苏小妹抢白了一顿。苏小妹说:"哥哥你的境界也太低了点。佛印心中有佛,所以看万物都是佛;而你心中有屎,所以看别人也都是一坨屎。"此言一出,苏轼顿感无地自容。

道德高尚的人,任何时候都不会在意他人的诋毁。就像佛印一样,我心中有佛是任何诽谤都改变不了的,所以我无须在意你说我是什么。

直言比赞誉受人尊敬
ZHI YAN BI ZAN YU SHOU REN ZUN JING

许多人喜欢别人的赞誉和奉承,倘若对自己有丁点贬义的话,便老大不高兴。于是乎,有些擅长阿谀奉承之辈有了施展才华一路晋升的机会。要知道,恰恰是这种人,当面投其所好,背后最有可能是过河拆桥诽谤他人的人。

北宋真宗初年,宰相王钦若得势时,有个叫丁谓的大臣极力巴结讨好他。王钦若本是个奸邪之臣,因作恶太多被人弹劾免职后,丁谓俨然受害者般痛陈其罪行,获得了新任宰相寇准的信任。在寇准的推荐下,不久升任枢密使,主掌军机大权。丁谓大权在握后,习惯于阿谀奉承以权谋私,正直的寇准很是看不惯,曾在公开场合予以批评,希望他收敛些。有一次,寇准与丁谓同席吃饭,菜汤沾到了寇准的胡须上,丁谓见了,赶忙起身用袖子轻轻抹去寇准胡须上的汤水。寇准并不领情，白眼道:“参政是国家大臣,怎能为上司抹胡须? ”丁谓一听,顿时面红耳赤,怀恨在心,暗中与寇准有宿怨的枢密使曹利用联合,伺机共同对付寇准。公元 1020 年,宋真宗因患病不能理政,皇后刘氏跳出来干预朝政。因寇准对刘皇后的一个不法亲戚进行了惩处,刘皇后对寇准十分恼怒。如此一来,丁谓心中窃喜,不断在刘皇后面前诋毁寇准,于是朝中形成了以刘皇后、丁谓,曹利用和翰林学士钱惟演为核心的反寇准势力。这些人不但把持朝政与寇准作对,朝纲也被扰得一塌糊涂。在这种严峻形势下,寇准只好私自进宫面见真宗,建议他以社稷为重,将皇位传给众望所归的皇太子,并说“丁谓、钱惟演乃奸邪小人,万万不可辅佐少主”。真宗对寇准的建议颔首同意,命寇准准备传位庆典。哪知这事被丁谓知道了，于是当即串通刘皇后到真宗面前诬告,说寇准是挟太子夺权。经刘皇后一哭二闹，本就昏聩的宋真宗信以为真,随即免除了寇准的宰相之职。在刘皇后的极力推荐下,丁谓不久后接替寇准当上了宰相。丁谓一上台,就将寇准逐出京城,贬为道州司马。同朝宰相王曾对丁谓的独断专权极为不满，想方设法要铲除他。但丁谓有刘皇后撑腰,一时拿他没办法。表面上,王曾对丁谓卑躬屈膝唯命是从,俨然是一路人。取得丁谓的信任后,伺机面见真宗呈上一份奏折,列举了这些年来丁谓贪赃枉法的诸多犯罪事实。真宗看过奏折后,十分吃惊,下诏丁谓获罪,并免除宰相职务。不久,丁谓又被查出曾勾结女道士刘德妙拿家里养的一只乌龟说成是老太君化身。丁谓欺君罔上不可饶恕,被贬到崖州。丁谓靠奉承和排挤前任起家,最终的结局自然是不得善终。

孔子的孙子子思与公丘懿子论道时曾说:“不明察是非而喜欢别人赞

美自己，是最愚蠢的人；不遵规则而一味地讨好奉承别人，是最谄媚的人。"如上所述,丁谓之流靠阿谀他人起家,反过来又喜欢被人奉承赞誉,落得个遗臭万年;寇准藐视小人直言谏君虽反遭诬陷,虽被贬职,但没影响他的清誉,其美名反而被世人广为传颂。

不要谄媚他人

BU YAO CHAN MEI TA REN

什么样的行为是谄?《庄子·渔父》里说:“揣摩别人的心意来说话,叫谄媚。”媚自然是迎合讨好他人的奴才相罢了。谄媚他人,实际上是一种丧失人格尊严的失德行为。

唐朝重臣魏元忠生病时,同僚们纷纷前往探望。御史郭弘霸见魏元忠卧病在床,很是忧伤,说自己粗懂医道,请求看一下魏元忠的大小便。他用手指沾了些小便放在嘴里尝了尝,然后安慰魏元忠道:“尿味若是甘甜,病就不易好。但是您的尿液又苦又臊,没什么大碍,您很快就会康复的。”魏元忠听了,只鼻孔里冷哼了一声,他很讨厌这种谄媚讨好的小人。唐朝武则天时期,尚方监丞宋之问为了谄媚武则天的相好张易之,极尽讨好之能事,张易之大小便时,宋之问都要给他端便器。后来张易之失势,宋之问也被株连遭贬。

还有就是唐肃宗时期，朝廷为了吸纳人才，肃宗下诏全国各州府推荐有德行的人，经殿试合格后即可委以官职。第一个被推荐的人到京后，肃宗非常高兴，马上召见了他。这人跪地直视着肃宗，突然启禀道："微臣有所发现，陛下知道吗？"肃宗说："不知道。"这人说："微臣发现皇上比在灵武的时候瘦了！"肃宗随口答道："这是因为朕日夜操劳啊！"当肃宗等待这人的下文时，对方竟闭言不语了。这时，满朝文武掩嘴窃笑起来。肃宗此时才知道这人是个谄媚的庸才，但考虑到第一个被推荐的人若不被重视，有损下面州府的积极性。于是肃宗权衡再三，还是给了他一个县令官职，以观后效。很显然，像这种阿谀奉承之辈，后果是可想而知的。

习惯于谄媚的人之所以屡见不鲜，关键是通过谄媚他人能得到自己想要的东西。

有这么一则《乌鸦和狐狸》的寓言：

从前有一只乌鸦找到了一块肉，它高兴地叼在嘴里飞到了一棵大树上。这时一只饥饿的狐狸正巧经过这里，发现了乌鸦嘴里的肉，于是心想：这块肉一定很好吃，但是用什么方法才能把乌鸦嘴里的肉弄到手呢？狐狸知道乌鸦的脾性，很快想出了一个好办法。它来到大树下对着树上的乌鸦大声说："亲爱的乌鸦小姐，你长得真漂亮，想必你的歌声也一定很美妙吧！你能唱一支动听的歌给我听吗？"乌鸦听了狐狸的赞美话，高兴极了。于是激动地张开嘴放声歌唱。不料刚一张嘴，肉就从嘴里掉了下来落到了狐狸的嘴里。这时的乌鸦眼见好不容易弄到的肉被狐狸吃了，歌声变成了惨叫声,已是后悔莫及。

这则寓言告诉人们:无端的赞美和谄媚话并非出自本性,而是名利的一种掠夺方式。被谄媚者往往是掌权者,谄媚的人为了达到某种目的,不惜低三下四委曲求全。其实,无论名也好利也罢,做人不可以没有骨气。与其丧家之犬般摇尾乞怜得到施舍,不如做个堂堂正正的人。人们真正佩服的是那种刚正不阿的人品,靠谄媚讨好上司换取的名利,始终是遭人唾弃的。

玩笑也要分场合

WAN XIAO YE YAO FEN CHANG HE

因快乐而发笑，因有趣而玩笑，是人之常情。常言说“一笑泯恩仇”。笑声确实能缓解或消除矛盾，拉近人与人之间的距离。但是笑也要分场合，若不宜笑的时候笑了，不但会激化矛盾，还会给自己带来灾祸。

战国时期，晋国派使节郤克到齐国商谈会盟的事。郤克一进宫，有个妇人在后房窃笑。郤克以为是在耻笑自己，便很不高兴地回到晋国，请求派兵伐齐，齐国仓促应战以致大败，祸根就是女人在不该笑的时候笑了。

唐代郭子仪每次会见客人，都喜欢让小妾在一旁陪坐。有一天宰相卢杞来访，郭子仪便吩咐妻妾等所有的佣人回避。有人问他这是何故，郭子仪说：“卢杞相貌丑陋，女人见了他定会发笑。这个人心肠阴险，若是得罪了他，我的家族就会遭殃。”可见，郭子仪防患于未然的稳重是他官运亨通的秘诀。

北宋著名书法家黄庭坚就因为几句玩笑话，断送了自己的大好仕途。黄庭坚在国子监任职的时候，有个同僚叫赵挺之。赵挺之是著名女词人李清照的公爹，此人心胸狭窄，权力欲极强，一直被黄庭坚瞧不起。赵挺之每有纰漏，黄庭坚总要借机嘲讽一番。当时，国子监的官员们中午都在一个食堂就餐，菜是随便点。每次点菜时，赵挺之操着浓重的山东口音说"来日吃蒸饼"，此时黄庭坚总会窃笑不已。这还罢了，一次国子监同僚聚饮行令，黄庭坚提出做一个文字游戏，即讲五字一句话，前两字拼为第三字，再加第四字，合成第五字。建议一出，众人纷纷赞同。于是有人说"王白珀石碧"，又有人说"里予野土墅"。轮到了赵挺之，他绞尽脑汁才想了个"禾女委鬼魏"。话音一落，黄庭坚脱口而出"来(來)力敕(勑)正整"，听字音，与赵挺之山东方言"来日吃蒸饼"十分相似！立时同事们哄堂大笑，而赵挺之被羞得满面通红。又有一次，国子监同僚们闲聊，赵挺之吹嘘道："我们老家非常重视文人，替人写一篇文稿，人家会以一车礼物相赠。"黄庭坚忍耐不住反唇相讥道："想必是些萝卜、酱瓜之类吧？"此言一出，同僚们又是一阵哄笑，赵挺之窘态之下，认为是黄庭坚嘲笑他的文章不值钱，暗暗发誓要伺机报复黄庭坚。后来，黄庭坚游学到湖北荆州，应荆州刺史相邀，为承天寺新建的佛塔做《荆南承天院记》。写完之后，把自己和刺史的名字写在了下面。当时有个叫陈举的官员想请黄庭坚也题上自己的名字，好流芳后世，黄庭坚没有理会。陈举本是个市侩小人，见黄庭坚拒绝了自己的要求，心生报复，立即添油加醋向朝廷写了一封举报信，说黄庭坚写的碑文有庆幸灾祸藐视朝政之嫌。这时候的赵挺之已当上了朝廷宰相，一见陈举的举报信，如获至宝，终于找到机会报复黄庭坚了。于是坐实罪名禀报皇帝，将黄庭坚发配到瘴疠遍地的广西宜州，最终客死在贬所。

无论是窃笑还是玩笑，都要看对象分场合。要知道，任性而为不分场合的窃笑，有可能被视为取笑对方而酿成灾祸；辱笑打趣对方，极有可能被对方记仇带来意想不到的麻烦。

妒忌别人等于害自己

DU JI BIE REN DENG YU HAI ZI JI

大凡有妒忌心的人，必是思想狭隘自私的人。正如荀子所说："君子以公义胜私欲，故多爱；小人以私心蔽公道，故多害。多爱，则人之有技若已有之；多害，则人之有技媚疾以恶之。"

《三国演义》中诸葛亮三气周瑜，最后周瑜被气死的故事，堪称因妒害己的典范。论才智，周瑜与诸葛亮都是三国时期杰出的军事谋略家，周瑜之所以屡败在诸葛亮手中，原因在于心胸狭窄妒忌心强。

有一次，时任东吴水师的都督周瑜与诸葛亮约定：如果周瑜夺取曹仁据守的南郡失败，诸葛亮再取南郡。结果周瑜攻取南郡失利，便调转方向打败了曹兵。此时的诸葛亮乘机夺取了南郡等地，既没有违约，又夺取了地盘。周瑜为此气得说不出话来，此为一气；刘备的夫人死后，孙权按照周瑜的计策，假装把自己的妹妹许配给刘备，借此把刘备骗到东吴将其杀害。谁知孙权的母亲看中了刘备，不仅不许孙权杀他，还真要把女儿许配给他。周瑜将计就计，想以此美色诱惑刘备，使之长期与诸葛亮、关羽、张飞等人隔开，这样一来便会失去争夺天下的雄心，但是周瑜的计谋又失败了。不久诸葛亮不但用计使刘备回到了荆州，并且让周瑜中了埋伏，还让士兵高唱“周郎妙计安天下，赔了夫人又折兵”，借此嘲讽周瑜。周瑜懊恨交加，气得吐血，这是第二气；刘备向东吴借取荆襄九郡，图谋发展壮大自己。然而事后，孙权又担心刘备强大后对吴国构成威胁，于是三番五次要求刘备归还荆州。刘备以攻取西川再归完荆州为由，拒绝东吴的要求。作为东吴的大都督，周瑜见刘备如此耍赖，很是气愤，于是想出了统兵名为过道荆州帮助刘备攻取西川、实则攻取荆州的计谋。没想到他的计谋被诸葛亮识破，刘备派兵将吴军围困，周瑜气急败坏之下，仰天长叹一声瘫倒在地，最终留下“既生瑜何生亮”的千古感叹，最终不治身亡。从周瑜和诸葛亮的斗智来看，诸葛亮略胜一筹。倘若周瑜能忍让一时从长计议，或许就是另一种结局，也不至于被活活气死。

较之周瑜，春秋战国时期魏国的庞涓嫉妒心更胜一筹。孙膑与庞涓同拜于一个师父鬼谷子门下，可以说是情同手足，论才智各有千秋。然庞涓出道后，虽当上了魏国的将军，仍然十分嫉妒孙膑，担心孙膑的才情胜过自己。更让他不安的是，魏王竟然听信人言，将孙膑请到朝廷委以重任。庞涓知道自己不如孙膑，决心要除去这个劲敌，于是捏造伪证诬陷孙膑有背魏向齐谋反之心。结果孙膑被“挖其膝盖骨，再墨刑刺脸，置其于囹圄”。从此，孙膑“疯疯癫癫”的，不仅无法站立，而且又破了相。后来，在别人的相助下，孙膑暗中见了齐国使者，一吐自己的遭遇。齐国使者觉得孙膑是个能人,便将他偷偷带回齐国。到了齐国,孙膑将自己的智慧与谋略展示给齐王,深得齐王的信任,被任命为军师。不久,魏国与赵国联合攻打韩国,韩国向齐国求救。于是齐王命田忌任大将军,率军前往救韩。作为随军军师,孙膑坐在战车里为田忌出谋划策,运用围魏救韩的谋略,齐军直捣魏国国都。庞涓闻讯后只得撤出韩国迅速回援,这时齐兵已西去。庞涓率军追了三天,见沿途的灶台逐渐减少,便以为齐军军心涣散逃遁大半,不由大喜,越发穷追不舍,且不知正中了孙膑诱敌深入之计。孙膑命人在路中一棵刮掉皮的树干上写下"庞涓死此树下"字样,然后在四周布满弓箭手。庞涓正行进间,忽然被一棵大树挡住去路,隐约见树身上有字迹。此时天色已晚,辨不清是什么字,庞涓命人点亮火把,亲自上前辨识树上之字。看清楚后,大惊失色道:"我中计了。"然就在这时,一声锣响,万弩齐发,箭如骤雨般射向魏军。霎时,庞涓浑身上下像刺猬一般,"扑通"栽倒在地,立时身亡。

妒忌陷害他人,无异于给自己埋下祸根。无数事实证明,妒贤嫉能加害他人的人,最终是搬起石头砸自己的脚。

节食有益健康

JIE SHI YOU YI JIAN KANG

祸由欲望起，日常生活中很平常的饮食也一样，珍肴美酒诱惑多，若不知节制暴饮暴食，必会影响健康。

前些年，网上曾转载这么两个因暴饮暴食致命的案例：重庆某高校一名大四女生平时饮食没有节制，除了吃饱饭菜外，又经常买回零食吃。有天晚上，女生煮了一锅米饭，加上有喜欢吃的菜，便全部吃完了。这还不算，没一会儿又吃起零食和水果来，直到上床入睡也没停息吃喝。哪知道，女生的馋嘴还没尽兴，胃被撑破。同学们将她送到医院后，因病情严重抢救无效死亡。

还有就是浙江台州一名女子吃完午饭后，整个下午不间断吃了五个小时的零食，加上喝了不少的水，最终导致急性胃扩张。女子被送到医院，经过两个多小时的急救，还是未能挽救住她的生命。据说，当医生剖开她的胃部时，取出的残食竟有两脸盆之多。像这样不知节制被食物撑死的，远不止这两个。

另外，酗酒致死的事件也时有发生。某“80后”青年是家中独子，为使他将来有个好前程，其父母将他送到法国留学深造。就读硕士研究生的第二年，因一次考试没考好，他精神压力非常大，便每晚独自关在房内借酒消愁，每次都喝得酩酊大醉不省人事。一天，住在楼下的邻居发现楼上的水流到了楼下，便上楼叫门，叫了半天也无人答应。邻居只得请房主打开门，这才发现青年瘫卧在盥洗室里不省人事。当警察赶到时，发现青年已经停止了呼吸。经法医验证，这名青年因过度酗酒，患急性胰腺炎，引起休克导致呼吸衰竭猝死。

像这样酗酒致死的事例，可以说常有发生。通过这几例案件，说明无论是暴饮暴食还是过度酗酒，都会影响身体健康，严重的还会导致死亡。

战国时代著名医学家扁鹊认为：“故病有六不治，骄恣不论于理，一不治也；轻身重财，二不治也；衣食不能适，三不治也；阴阳并，脏气不定，四不治也；形赢不能服药，五不治也；信巫不信医，六不治也。有此一者，则难治也。”扁鹊总结的这六条不治之症，不能不说有着积极的现实意义。疾病尚有药可治，心病就难医了。有人说，所有的病除了吃出来的外，都是气出来的。所谓的气，便是心理疾病。所以说，为了健康，我们每个人不但要懂得合理膳食，还要懂得抑制怒气。归根结底，怒气也是因欲念而起。若对任何事情都能保持淡定，怒便无从起。怎么样制怒，前面已经说过。人生几十年，健康才是福。为了健康，很有必要抑制生活中的种种欲望。

第五章 心存淡泊天地宽

芸芸众生，“淡泊明志”的人比比皆是，但事关己利时，真正能做到淡泊处世并非易事。究其根源，关键还是放不下心中的那份追求，是权力和地位的虚荣心在作祟。淡泊不是胸无大志，而是淡泊个人名利观。不计较个人得失，不会为小事烦忧，心无旁骛，才会活得轻松自在。能做到这些，心胸自然宽广，也自然有时间和精力干出一番事业。

成大事不可忽视小事

CHENG DA SHI BU KE HU SHI XIAO SHI

先秦道家著名学者尹喜在所著的《关尹子·九药》书中写道："勿轻小事，小隙沉舟；勿轻小物，小虫毒身；勿轻小人，小人贼国。"尹喜的这段话，道出了做人的大道理。所以无论什么时候，都要谨言慎行、未雨绸缪，不可以忽视小事情。生活中一些看似细小的事情，如不加重视，极有可能酿成大患。历史上因小失大案例比比皆是。三国时期，赤壁之战后，荆州七郡被刘备、曹操、孙权三家瓜分。诸葛亮为了加强对已占据的荆州五郡的守备力量，派关羽率重兵镇守。而关羽麻痹轻敌，认为荆州无人敢犯，在没有报请诸葛亮同意的情况下，擅自出兵攻打曹操。令他没有想到的是，孙权派吕蒙乘虚偷袭了荆州三郡，导致荆州三郡失陷，最终自己也丢了性命。倘若关羽不是骄傲轻敌自以为胜券在握，而是按照诸葛亮的统一战略布局，恪尽职守固守荆州，那么史上也不会有"大意失荆州"的历史教训。还有就是发生在汉朝时期著名的“鸿门宴”事件，当项羽得知刘邦打算在关中称王时，欲借鸿门宴除去这个心头大患。然项羽多疑又寡断，到了紧要关头被假象所迷惑而犹豫不决，结果使刘邦有逃脱的机会。这个不可一世的楚霸王，终因其悲剧性格，而兵败自刎于乌江。这则典故充分说明：机会往往体现在小事情上，如不能未雨绸缪把握良机，就有可能身败名裂。

成大事不要忽视小事，还要有忍辱负重甚至委曲求全的谋略。若是过于简单不分场合直言不讳，就有可能因小失大，不但自身难保，也有可能殃及无辜。

明朝洪武年间，燕王朱棣发动争夺皇位的“靖难之役”，建文帝廷议讨伐、诏檄之类的文章都出自翰林侍讲方孝孺之手。朱棣夺得皇位后，命方孝孺起草即位诏书。方孝孺当众号啕大哭过后，愤然道：“死即死，诏不可草。”朱棣威胁道：“即死，独不顾九族乎？”方孝孺凛然道：“便十族奈我何？”朱棣本打算封方孝孺以高官，见他如此不识抬举，发下诏令诛灭方家十族。所谓的第十族，即是方孝孺的朋友和门生，殃及无辜者达八百七十三人之多。

这场血腥的诛灭十族事件，固然是朱棣杀一儆百的残酷手段，而方孝孺的迂腐无知，是直接导火索。若是方孝孺能认清形势判断是非，也不至于发生这个满门被诛惨案。任何时候，聪明的人会以事实为依据，不会作糊涂的蠢忠。孟子也说过：“天下者，天下人之天下，非一人之天下，惟有德者居之。”何况当时明朝天下还是朱家的，只是换了个有作为的皇帝而已。方孝孺的无谓反抗，不但没有丝毫的意义，也可以说是导致他家族灭亡的罪人。

善于宽恕他人
SHAN YU KUAN SHU TA REN

人生在世,难免与人产生摩擦与分歧,善于忍让自己,宽恕和原谅他人,既是一种美德,也是在积累福报。

唐朝名将裴行俭堪称史上善于宽恕他人的典范。由于裴行俭战功卓著,唐高宗曾赏赐给他骏马和珍贵的马鞍。按说这些御赐的东西归裴行俭一人独享,其他人是不能动的,可府中有个令史竟然趁主人不在家,骑着御赐给裴行俭的骏马在原野上奔驰,结果马受惊跌跤摔坏了马鞍。令史自知闯下了大祸,搞不好要脑袋搬家,于是吓得逃走了。裴行俭回府知道了这事后,并未震怒,而是派人将令史找了回来,像什么事情也没发生一样,没有追究令史的过错。裴行俭在平定阿史那都支、李遮匐时,缴获的珍宝很是贵重,有不少首领将士想饱饱眼福。裴行俭知道后,不但全部拿出来让大家观赏,而且还设宴款待他们。当时有个小吏在搬运一个色彩闪亮的珍稀大玛瑙盘时，因跑得太快跌了一跤，不慎把手中的玛瑙盘打碎了,小吏惶恐至极,连忙跪在地上把头磕出了血,祈求饶命。裴行俭没有一丝责怪的意思,笑着安慰他说:“你不是故意的,怎么吓成这个样子？”在裴行俭看来,玛瑙盘固然珍贵,但已经打碎了,再如何惩治小吏也无济于事,何况小吏也不是故意的。正因为裴行俭有如此宽大的胸怀,尽管曾遭奸人诬陷被贬职,唐中宗李显登位后,依然追封他为扬州大都督;唐玄宗继位后,又被加封为太尉。

又比如说南北朝时期的梁朝将军羊侃，有一次在回家途中路过涟口时，大摆宴席招待宾客。当时有个叫张孺才的宾客醉酒在船上引发了火灾,因船相互连接,火借风势烧毁了七十余艘船只,同时损失金银珠宝不可计数。张孺才被大火烧醒了过来,自知犯下的罪责不可饶恕,于是慌忙逃走了。羊侃听说后,派人将张孺才找回来安慰一番,对他仍与当初一样。也正是羊侃的容人之量,受到了许多人的赞许,后来做了梁武帝的司马。

宽恕谅解他人,必须要有超常的容人之量。

三国时期末,诸葛亮逝世后,蜀国任用蒋琬主持朝政。当时朝中有个叫杨戏的官员性格孤僻,讷于言辞。每当蒋琬与他说话,他也是只应不答。这时便有人在蒋琬面前贬低杨戏:“杨戏这人对你如此不恭,太不像话了。”蒋琬笑了笑说:“人嘛,都有各自的脾气秉性。让杨戏当面说赞颂我的话,那不是他的本性；让他当着众人的面说我的不是，他会觉得我下不来台，所以他只好不做声了。其实,这正是他为人的可贵之处。”蒋琬的如此雅量,得到了不少人的赞叹,被赞为"宰相肚里能撑船"。

生活当中,人与人之间磕磕碰碰的事时有发生,每当遇到别人做错了什么事,或是听到了诋毁自己的言语时,我们先且冷静下来好好想一想:别人做错了的事,只要不是有意的,大可不必去斤斤计较。因为计较得越多,失去的也会越多。比如说如果裴行俭一怒之下把令史和军中小吏杀之而后快,不但马鞍和玛瑙回不来,那么他也不会留名青史;假若蒋琬听信小人之言治杨戏的罪,"宰相肚里能撑船"这顶桂冠也许就戴不到他头上了。要知道,人最受人敬重的东西,不是官位和财富,而是道德与品行。善于宽恕和谅解他人,是道德与品行的集中体现。

不要与人结冤仇

BU YAO YU REN JIE YUAN CHOU

冤仇易结不易解，为人处世，不管面对什么样的挑衅或侮辱，都要有坦荡宽广的胸襟，有忍辱负重的气节，切记不可仗势欺人与人结下冤仇。

三国时期吴国的中书郎吕壹，对曾经轻视他的同僚怀恨在心，后以其狡诈伎俩被孙权视为心腹，当上了中书郎。于是吕壹倚仗权势，为非作歹陷害无辜，先后被他罗织罪名而处死的官员多达数名。这还不过瘾，他又把黑手伸向了驸马朱据，控告身为左将军的朱据私吞军饷，拷打朱府管理财务的官员，并将其活活打死。朱据怜其官员屈死，亲自为官员安葬，吕壹抓住这一把柄，污告朱据是做贼心虚。这时，军典吏刘助站了出来，向孙权陈说吕壹的罪行，孙权这才恍然大悟，说“连驸马朱据都被诬陷，何况其他人？”愤怒之下，下令将吕壹处死。吕壹公报私仇陷害无辜，自然是罪有应得。

西汉名将李广虽然作战勇敢,却为人心胸狭窄。汉武帝时期,李广因一次战败被问责罢官,赋闲在家便以狩猎度日。有一次他狩猎,在一个老农家喝酒,回家路过霸陵亭时天色已晚。亭尉喝醉了酒,便叫李广停下来。李广的随从便说:"这是以前的李将军。"亭尉不以为然道:"现在的将军都不许晚上在军事禁区行走,何况以前的将军!"于是强行留下李广一行,天亮后才放行。后来辽西受匈奴侵犯,皇帝让李广担任右北平太守。重掌军权的李广对当初霸陵亭受辱一事仍耿耿于怀,于是将亭尉调到军中,借机将他杀死。与此类似的西晋大臣刘毅,从前任豫州都督时,江州刺史庾悦看不起他。有一次刘毅向庾悦要点鹅肉吃,庾悦连骂带说,一点也不给。后来刘毅通过手段作了江州刺史,又兼任豫州都督,而庾悦被贬官。此时的刘毅为报当初蔑视之仇,有意将庾悦调到自己身边,变着法子折磨他。庾悦连气带病,不久便死了。亭尉与庾悦都是因为与人结下冤仇,结果遭到了报复,且报复的结果比伤害他人的程度更加严重。

历史上以冤报冤的案例不胜枚举,现代生活中类似的事件也比比皆是。在有些人眼中,以冤报冤似乎成了堂而皇之的理由。不少人记恨心特别强,遇到一点小事便耿耿于怀,倘若人家冤我一尺,我非得报复人家一丈才解恨,如此冤冤相报无穷尽。在这种仇恨心理的支使下作出的举动,虽然解了一时之恨,其结果有时会把自己身家性命也搭进去。这样做值得吗?答案固然是否定的。所以说,做人要宽宏大量,不要与人结仇,更不要记仇。人生在世不结冤仇,实属不易。倘若无意间结下了冤仇,如能以德报冤,宽容待人主动化解,同样难得!

争名夺利终是空

ZHENG MING DUO LI ZHONG SHI KONG

人呱呱坠地来到这世上，注定是要吃苦的。短短几十年一晃而过，穷也好富也罢，最终都会化作一缕青烟消失得无影无踪。所以说人活着的时候别太逞能，倘若不择手段地争名夺利，看似名利双收活得滋润，实际上并不会感到幸福。因为紧绷的神经，加上高度负罪感，是任何物质享受都难以偿还的，更何况名气再大，钱再多，也无法带到地府里去享用。

自古以来，那些贪官们无不是靠争权夺利盛极一时的。然到了最后，不但一文钱也带不进棺材，最终还有可能落得个身败名裂的下场。比如最具代表性的有：秦朝的赵高、东汉的王温舒、西晋的石崇、南宋的陈自强、北宋的蔡京、唐朝的元载、明朝的严嵩、清朝的和珅等人，这些贪官有一个共同的特点：靠排除异己、谄媚皇帝爬上高位后，便陷害忠良、侵吞财物、富可敌国，最后是身败名裂、人财两空成千古恨。这种“三点式”贪官，同样在现代官场中重演。不少被查处的贪官，与历史上的贪官有异曲同工之处。试想一下，他们究竟得到了什么？官威，如昙花一现；享乐，只是舒服一时。处心积虑得来的巨额财物，没谁能带去黄泉。相反，给家人留下的，是无穷的痛苦和怨恨。

贪图名利，古往今来害了不少人。谁都知道名利是身外之物，生不带来死不带去，然而名利又无时无刻不在突破人们的心理防线。究其原因，是因为名利的诱惑力实在太大，往往会让意志薄弱的人不惜一切押上“赌注”，其结果不是在赌场上输得一败涂地，就是因做贼心虚而惶惶不可终日，担心有朝一日东窗事发身陷囹圄。什么才是真正的人生？应该说没有比“自由”二字更理想的了。再奢侈的物质享乐若缺少了自由，等于是苟延残喘行尸走肉一般，这样活着又有什么意义呢！所以说，无论身处何种环境，都要淡泊名利勿存贪念，无须绞尽脑汁与人争来争去。人生几十年，光明正大自由自在地活着，比什么都强。

欺人等于害己

QI REN DENG YU HAI JI

俗话说："害人之心不可有，防人之心不可无。"同样的道理，欺人之心也一样不可有。世上的事情就是这样：欺骗他人，无异于葬送自己。

秦二世胡亥在位时，丞相赵高窃取了朝政大权，并盘算着要篡夺皇位。他丝毫不顾忌秦二世，最担心的是朝中有哪些大臣对他不忠心，于是想了个办法进行试探。一天上朝时，赵高让人牵来一头鹿，对秦二世说："陛下，我献给你一匹好马。"秦二世一看，心想这哪里是马，分明是一头鹿嘛！于是笑着对赵高说："丞相搞错了，这明明是一头鹿，怎么会是马呢？"赵高一本正经地说："请陛下看清楚了，这确实是一匹千里马啊！"秦二世又重新打量起鹿来，将信将疑道："马的头上怎么会长角呀？"赵高冷笑了笑，转向大臣们说："陛下如果不相信，可以问问这些大臣啊！"底下的大臣们都被赵高的胡言乱语搞糊涂了，可谁也不敢吱声。这会见赵高狡黠的双眼盯着大臣们看时，大臣们立时明白了他的别有用心。此时此刻，大臣们说什么的都有。有些正直的大臣，直言是鹿不是马；那些赵高的党羽亲信，附和赵高说是一匹千里良马；多数大臣低头不语，对于他们来说，说假话对不起陛下，说真话又怕遭到赵高报复，于是干脆装聋作哑。通过这次试探，赵高排除异己，捏造罪名对那些说真话的大臣们纷纷治罪，甚至满门抄斩。后来，坏事做尽的赵高害怕秦二世胡亥追究他的过错，操控政局欲立秦二世之子公子婴为秦王。公子婴早就意识到赵高的险恶用心，经过周密策划，利用宗庙受玺之机将赵高擒获杀死。赵高这个不可一世的大奸臣，得到了应有的下场。唐朝大臣裴延龄"掩有而为无，指无而为有"信口雌黄愚弄朝廷，比起赵高的"指鹿为马"来，有过之而无不及。裴延龄在担任户部侍郎期间，利用职权欺上瞒下中饱私囊，诚如宰相陆挚曾向德宗皇帝禀报的那样，"移东就西，便为课绩(续)，遂号羡余，愚弄朝廷，有同儿戏"。裴延龄死后，举国上下拍手欢庆。

由此可见，欺人者终究是搬起石头砸自己的脚，不得善终。

世间唯有诚信才能立于不败之地。做人，不要有欺人之心，欺骗他人等于是在葬送自己的诚信。这世上人与人之间除了善与恶，人格没有高低贵贱之分，不要拿善良人当傻瓜，更不要自欺欺人，自欺欺人的后果无疑是自掘坟墓。

淫欲自损名节

YIN YU ZI SUN MING JIE

万恶淫为首，淫乱，最能动摇人的意志，损坏人的名节。古往今来，贪图淫欲自毁前程者比比皆是。且不说商纣王宠爱妲己，纵情声色以致葬送江山，现代被查处的贪官当中，大多数都与情妇淫乱有关。

色字头上一把刀，然不少人无视法纪纵情淫欲。

古代柳下惠“坐怀不乱”堪称千古佳话。一天，柳下惠远路往回赶，因天已黑城门紧闭，只好睡在城门下。不久有个美艳女子也被挡在城门外，便躺在柳下惠的身旁。当时天气十分寒冷，柳下惠担心女子被冻死，便让女子坐在自己怀中，用衣服盖着她，一直到天亮，没有越轨行为。

还有就是鲁国的颜叔子，未娶独处一室。一天晚上突下大雨，邻居家的房子倒塌了。有个女子跑来借宿，颜叔子让女人睡床上，自己手持蜡烛为女子照明。蜡烛烧完了，就扯掉屋上的茅草来燃烧，保持光亮不灭，一直到天亮，颜叔子没有动过坏心思。

南朝刘宋时的大臣褚渊，因其相貌英俊，山阴公主想与他私通，便请他来伺候自己，召他在西上阁睡了十天。晚上山阴公主到褚渊住的地方逼他就范，褚渊不为所动，并以死自誓说："我虽然不敏，却不敢成为坏的榜样。"

古代这些洁身自好的故事，之所以传颂至今，旨在告诫人们：做人就该像他们那样，不为色动，不为欲想，唯有如此，才是真君子。

淫欲是难忍之忍，贪图淫欲，只是短暂的快乐。可恰恰是这短暂的快乐，往往败坏人一生的名节，甚至毁掉人一生的前程。

道义面前休糊涂

DAO YI MIAN QIAN XIU HU TU

道义指道德与正义，很多时候，当我们挺身而出维护道德与正义时，往往会遭到邪恶势力的攻击。在这种时候，我们必须以大无畏的凛然正气镇住对方。在这个世界上，毕竟是得道多助，邪不胜正。

《水浒传》中的武松，因怒杀西门庆被官府发配到孟州牢营，管营施忠之子施恩慕其名，与武松结拜为兄弟。当武松得知施忠的快活林酒店被恶霸蒋门神霸占时，不由大怒，欲帮助夺回酒店，于是乘着酒兴赶到快活林，施展武功将蒋门神丢进酒缸。蒋门神大怒，跳出来与武松打斗，没几下就被武松打翻在地。这时候的蒋门神知不是对手，只得归还了快活林酒店。要是放到今天，这自然是不符合法律规定的。那时候无法可依，谁的拳头硬谁就是胜利者。像蒋门神这样的恶霸，专门欺软怕硬为害乡里，要是不

不义之财。几乎到了贪得无厌的地步。在他当政的二十五年里,被抄没的家产折算成白银达八亿余两,相当于人民币875亿元之多。和珅被迫上吊死后,人们在他的腰带里发现一首七言绝句:“五十年来梦幻真,今朝撒手谢红尘。他日水泛含龙日,留取香烟是后身。”从诗中可以看出,和珅到死也没丝毫的悔悟之心。他倾其一生贪得的如此巨额家产,最终不但什么也没得到,还落下了千古骂名。

为人处世,勤劳致富才最可靠。若存贪念,将不得善终。有这么一则民间故事:

传说古时候山西某地的城隍庙里住着一个姓张的寄客,因其懂得变幻戏法且平日里行为怪异放荡不羁,人们叫他张狂。一日,好事者要张狂变个戏法让大家饱饱眼福,张狂便从身上取出一枚铜钱嵌在地上,然后口中念念有词,一会儿,那铜钱迅速膨胀如车轮大,围观者十分骇异。张狂说:“这枚铜钱暂放此处,明日来取,钱中方孔,万不可伸颈其中,否则必有奇祸。”说完便走了。当晚,有个邻人想偷取这枚巨大铜钱,于是乘着夜色来到铜钱跟前用力扳动,怎么样都无法摇动铜钱。这时,他发现方孔中金光灿烂,十分耀眼,便伸颈去观看,果见其中琼楼玉宇珠宝无数,并有燕语莺歌美女翩翩起舞。邻人一见狂喜,忙伸手从方孔中取出不少珠宝塞满口袋,且浪言调笑美女。正开怀陶醉间,忽奔来数名恶汉,高呼“何来无赖,敢窥人绣楼”。说罢挥鞭痛击邻人,并淋以蚀物。邻人痛极欲要逃出,奈方孔渐小,将他的头死死卡在其中。邻人大呼救命,闻讯赶来的人们无法将邻人解救。直到天亮张狂来了后,鄙夷地指责邻人道:“你贪吝成性,为盗小利，贪富贵，好美色，以致不顾我的警告钻穿钱眼，你这是咎由自取，不可活矣。”众人代为哀求，希望他以好生之德救邻人一命。张狂说：“财富人所欲也，然必以勤劳取之。天地间如武侯八阵图，廉为生门，勤为活门，贪为死门。你误入死门，行时即所绝。但如有悔心，尚可救。”邻人闻言号啕大哭，表示愿意痛改前非。张狂便取笔蘸清水涂抹钱孔，邻人才把头缩了回来。只见他颈部糜烂，腰间赤痕数匝，其状惨不忍睹。他一摸口袋中的珠宝，尽是泥石毒虫。这时，张狂将逐渐缩小的铜钱收回手中，众人近前一看，只见方孔两侧镶有“魔窗”二字。

生活中有许多诱人的东西等同于“魔窗”的陷阱，比如金钱和美色。倘若贪心不知足，必跌入其中万劫不复。

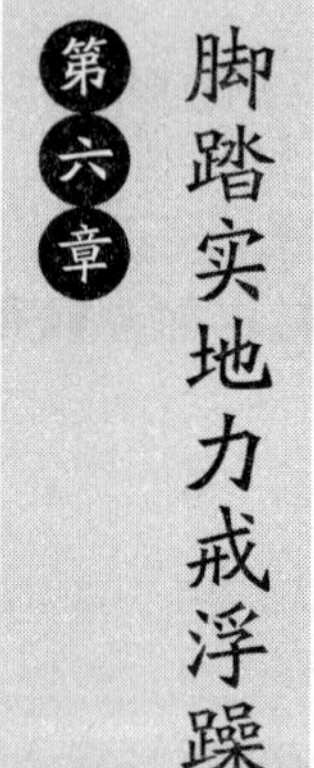

第六章 脚踏实地力戒浮躁

戏园谨守“台上一分钟，台下十年功”的遗训，自然界也有“水滴石穿”的景象。说明无论什么事情，不经历一番艰苦的磨炼，是很难达到成功目的的。在同等条件下，为什么有的人成功了，而有的人却失败了呢？除了某方面的客观原因外，很大一部分是脚踏实地与心浮气躁导致的不同结果。要想干成一番事业，心浮气躁必事与愿违，唯有脚踏实地，才能走出一条成功的路。

厌恶须注意分寸

YAN WU XU ZHU YI FEN CUN

生活是个万花筒，喜怒哀乐，皆人之常情。人与人之间的关系，随着个人的喜好而不一样。不少人喜欢一个人时，对方的缺点也是优点；而当讨厌一个人时，对方的优点便成了缺点，一无是处，怎么看都不顺眼。其实，这是极其不公正的。尤其是领导者，如持这种观点，将直接影响“人尽其才”的用人原则。

先哲孔子曰：“惟仁者，能好人，能恶人。”意思是说，只有仁者，才能公正地喜欢应当喜欢的人，才能够公正地厌恶应当厌恶的人。孔子所说的公正，就是指符合道德规范。从感觉上来讲，物以类聚，人以群分。喜欢什么样的人，与个人的秉性、爱好有直接的关系。但是从道义上看，讨厌他人只要注意分寸，不一棍子将人“打死”，讨厌或许就是苦口良药。

春秋时期，鲁国的卿大夫孟孙讨厌热衷于暴政的大臣臧孙，经常严辞予以教训；而同为卿大夫的季孙，却很喜欢臧孙。孟孙死后，臧孙哭得很悲痛。替他赶车的人对他说："孟孙讨厌你，你哭得如此悲伤。季孙如此死了，你怎么办呢？"臧孙说："季孙爱我，是病；孟孙讨厌我，是药。再好的病也比不上再差的药。孟孙死了，我的日子也差不多了。"臧孙对讨厌他的孟孙有如此之感怀，足见其明智豁达了。

凡讨厌别人的人，除了性格上的差异外，多少有些情感方面的原因。若是被讨厌者能理智地化解对方的成见，也有可能成为好朋友。

战国时期，蔺相如以其多谋善辩，胆略过人的气概，出使秦国舌战秦王，留下了"完璧归赵"的佳话，被赵惠文王拜为上卿，官位在廉颇大将军之上。战功显赫的廉颇很不服气，扬言要当面侮辱蔺相如。蔺相如知道后，不想与对方发生冲突，于是处处留意忍让廉颇。有一次蔺相如乘车外出，远远看见廉颇的车子迎面而来，便急忙叫手下人把车赶到小巷子里避开。有门客以为蔺相如惧怕廉颇，很是不平。蔺相如对他们解释说："依你们看来，是廉将军厉害，还是秦王厉害呢？"门客们说："当然是秦王厉害了。"蔺相如说："秦王威焰万丈，我都敢在朝堂上斥责他，侮辱他的臣子们，难道我还惧怕一个廉将军吗？我想，秦国现在之所以不敢对我赵国用兵，正是因为有廉将军和我两个人在。如若我们内斗起来，岂不正合了秦国的心意！我对廉将军一再退让，是以国家利益为重，把个人恩怨抛在脑后啊！"蔺相如的这番话，深深感动了他的手下人。于是大家都以蔺相如为榜样，对廉颇的手下人处处谦让。这事传到了廉颇耳中，廉颇为蔺相如有如此宽大的胸怀而深受感动，对自己平日藐视蔺相如的行为倍感惭愧，于是脱掉上衣到蔺府负荆请罪，并诚恳地说："我是个粗人，平日多有得罪，想不到上卿大人对我如此宽容。"蔺相如见廉颇态度真诚，忙亲自解下他背上的荆杖，请他坐下。两人坦诚畅叙，从此成为至交，"将相和"的典故为历代人们所传颂。

厌恶什么人要出以公心注意分寸，如果仅凭一己之利作为标尺，对不喜欢的人百般打压，只会激起对方的反感，到头来将不可收拾，俗话说兔子逼急了还咬人哩！别忘了，你厌恶的人，不一定是没能耐的人，总会有人喜欢甚至被重用的。

舍得拼搏总会成功

SHE DE PIN BO ZONG HUI CHENG GONG

每个人都希望自己事业有成，然很多时候，往往会事与愿违。面对这样的处境，是退缩不前，还是继续努力？无数事实证明：在失败面前，只要百折不回，舍得继续拼搏，总会到达成功的彼岸。

战国时期，著名谋略家苏秦，幼时家境贫寒，无钱读书。酷爱读书的苏秦为了积攒学费，不得不卖头发或替人打短工。为了学到更多的知识，后来他又到齐国拜鬼谷子为师。通过一年的学习，苏秦以为自己把老师的本领都学会了，于是迫不及待告别老师，周游闯荡天下。然而不管他如何游说，人们都不相信他。一年后一无所获，只得狼狈地回到家中。此时的苏秦已是骨瘦如柴，衣服破烂不堪，形同乞丐。其妻见他如此落魄，很不高兴，摇头叹气了一番，继续织布；嫂子见他这个样子，扭头就出了门，不愿意做饭；甚至他的父母和兄妹也都严词责怪他不好好劳动而一心想逞口舌之利，才落得如此下场。面对亲人们的不理与歧视，苏秦十分伤感，他整天将自己关在屋里，深刻反思自己失败的原因，认定是因为骄傲自满所致。于是重新振作精神，发愤读书。特别是对《周书阴符》更是爱不释手，伏案研读。每当要打瞌睡时，便用锥子刺大腿一下，痛醒后继续攻读。父母见他拿锥刺自己，不无痛惜地劝他说："你要成功的决心我们可以理解，但也用不着这样虐待自己啊！" 苏秦答道："如果不这样，我就会忘记过去的耻辱啊。"就这样，苏秦通过一年的"锥刺股"学习，已经很有学问了，于是又开始游历天下。在他的努力下，六国组建联盟"合纵抗秦"取得显著成效，苏秦任"从约长"，兼佩六国相印，迫使秦国不敢窥函谷关十五年。

失败后通过拼搏走向成功的不乏其人，比如说我国的数学家华罗庚。他中学毕业后因交不起学费，只得失学在家，白天帮父亲干活，晚上在家自学。不久，身染伤寒，病势垂危。他在床上躺了半年，从此留下了终身残疾。因左腿关节变形，成了瘸子。即便是这样，也没能动摇他学习的决心。白天，他拄着拐棍拖着病腿，艰难地干着农活；晚上，仍然伏在煤油灯下自学到深夜。他就是凭着这股顽强拼搏、不屈服于命运的精神，成为了蜚声全球的伟大数学家。

有人说，一切都是命中注定。比如，华罗庚的遭遇，如果他怕苦怕累灰心丧气，能有作为吗，答案是否定的。所以说，命运如何全靠打拼，只有舍得拼搏便能成赢家！

苦难成就未来
KU NAN CHENG JIU WEI LAI

每个人都不愿意经受苦难，然有的时候苦难就像三九天的霜与雪，不管你愿不愿意，都会降临到你的头上。其实，就像“梅花香自苦寒来”一样，苦难是人生的一笔财富，因为只有经受过苦难的磨炼，人生才能绽放美丽的花朵。

唐朝著名学者陆羽，出生后被遗弃河边，被寺庙的智积禅师抚养长大。陆羽虽然身在庙中，却不愿终日与青灯为伴诵经念佛，而是喜欢读书吟诗。陆羽数次向智积禅师提出下山求学，均遭到了智积禅师的反对。禅师知道陆羽无心念佛，为了磨炼他，便叫他学习冲茶。在刻苦钻研茶艺的过程中，陆羽偶然遇到了一位精通茶道的老婆婆。老婆婆见他如此痴迷于茶艺，不但教会了他冲茶的技巧，又传授了不少种茶的本领，陆羽也从中悟出了不少做人的道理。当陆羽将一杯热气腾腾的苦丁茶端到智积禅师面前时，禅师不无惊奇，终于答应了他下山求学的要求。后来，陆羽写出了世界上第一部茶艺专著《茶经》，对中国和世界的茶业发展作出了卓越贡献，被誉为“茶仙”，尊为“茶圣”。

清朝著名史学家万斯同，小时候是个不爱学习的顽皮孩子。由于贪玩，有一次遭到了宾客们的指责与批评。万斯同恼怒之下，掀翻了宾客们的桌子。他的父亲一气之下将他关进了书屋，声言未经允许不准其跨出书屋半步。万斯同开始也很生气，当他发现书柜上的《茶经》后，顺手拿来一读，深深被书中的内容吸引住了。受到《茶经》的启发，万斯成一改前非，开始认真潜心读书。转眼一年多时间过去了，万斯同在书屋读了很多书，由从前的顽皮小孩变成了一个知书达理的少年。他父亲原谅了他，他最终也明白了父亲的良苦用心。经过长期的勤学苦读，万斯同终于成为了一名通晓历史的著名学者，并参与了《二十四史》之《明史》的编修工作。

德国著名作家歌德曾说过：“痛苦留给的一切，请细加回味！苦难一经过去，苦难就变为甘美。”苦难成就事业，信心决定未来。苦难是一笔用之不尽的精神财富，没有苦难的磨炼，成功的希望十分渺茫。即便侥幸成功了，也经受不住风吹雨打。人生如此，事业更是这样！所以我们做人处事，不要畏惧苦难，更不要投机取巧。唯一步一个脚印，树立随时面对困苦的决心，根基才会牢固，事业才会有成！

节俭是成熟之本
JIE JIAN SHI CHENG SHU ZHI BEN

随着生活水平的不断提高，许多人热衷于奢侈的生活。要知道，奢侈不但丧志，更能败家害国。正如晚唐诗人李商隐所言："历览前贤国与家，成由勤俭破由奢。"

春秋时期鲁国著名的外交家季文子，出身于三世为相的家庭，按说家资颇为丰厚。然他在为官的三十多年里，始终以节俭为本，并要求家人都要过俭朴的生活。他穿衣只求朴素整洁，除了朝服以外，没几件像样的衣服。每次外出，所乘坐的马车也极其简单普通。见他如此节俭，有个叫仲孙它的人便劝季文子道："您身为上卿，德高望重，听说你在家里不准妻妾穿丝绸衣服，也不用粮食喂马。你自己也不注重容貌服饰，这样不是显得太寒酸，让别国的人笑话您吗？这样做也有损我们国家的体面，人家会说鲁国的上卿过的是一种什么日子啊！你为何不改变一下生活方式呢？这样于己于国都有好处，何乐而不为呢？”季文子听了仲孙它的劝言，先是淡然笑了笑，接着正色道：“我也希望把家里布置得豪华典雅些，也希望衣食住行奢侈威严些，但是看到我们国家的百姓，还有许多人吃着粗糙得难以下咽的食物，穿着破旧不堪的衣服，不少人正在挨饿受冻。想到这些，我怎能忍心去为自己添置家产呢？如果平民百姓都粗茶敝衣，而我则装扮妻妾，精养粮马，这哪里还有为官的良心！况且，我听说一个国家的富强与光荣，只能通过臣民的高洁品行表现出来，并不是以他们拥有美艳的妻妾和良骥骏马来评定的。既如此，我又怎能接受你的建议呢？”仲孙它听了季文子的这番话，满脸羞愧之色，同时也更加敬重季文子。从此之后，仲孙它也效仿季文子，十分注重生活的简朴，妻妾只穿普通布料做的衣服，家里的马匹也只用谷糠、杂草喂养。

“唐宋八大家”之一的苏轼，二十一岁高中进士，前后做了四十年的官。为官期间，苏轼很注意节俭，精打细算过日子。后来苏轼被降职贬官来到黄州，由于薪俸的减少，经济变得拮据起来。在朋友的帮助下，他弄到一块地，便自己耕种，种些作物补充家用。为了有计划的开支，他把全年收入分成十二份，每月用一份，而每份中又平均分成三十小份，每天只用一小份，并规定只准节余不能超支。以当时苏轼的才华和名气，完全可以捞些外快，但苏轼不食嗟来之食，靠自己的劳动维持一家人的生计。

季文子和苏轼是古代官宦中节俭的典范，历代帝王中也有注重节俭的皇帝，如宋朝的赵匡胤和明朝的朱元璋。都说“天上神仙府，人间帝王家”，作为一国的皇帝，应该是人间最富有的，金银珠宝任其享用，谁也不敢说个不字。可是赵匡胤不但身体力行并要求臣子生活俭朴，反对奢侈浪费，而且严格教育子女生活上要朴素。

有一次,赵匡胤的女儿永庆公主穿着一件用五彩金丝缝缀着一片片孔雀羽毛的新外衣去觐见父亲,赵匡胤有些不高兴道:“你把这件衣服脱下,以后不准再穿了。”明朝时,朱元璋的故乡安徽凤阳流传着这样一首歌谣:“皇帝请客,四菜一汤,萝卜韭菜,着实甜香;小葱豆腐,意义深长,一清二白,贪官心慌。”传说朱元璋给皇后过生日时,只用红萝卜、韭菜、青菜两碗,还有就是豆腐汤宴请众官员。并且约法三章:今后不管谁摆宴席,只许四菜一汤,谁敢违反,严惩不贷。

古代仁人懂得节俭,现代贤达更是如此。比如说我们新中国的领袖毛泽东及老一辈革命家们,无论是在艰苦的战争年代还是在新中国建设时期,都厉行勤俭节约的方针。也正是如此,中国的革命事业才取得了伟大的胜利。所以说,任何时候,任何事情,节俭都是不可忽视的。俗话说得好:“成由勤俭败由奢”。一个思想成熟的人,看问题必能着眼长远,即便再富有,也会厉行俭朴节约的。

急躁难成大事

JI ZAO NAN CHENG DA SHI

纵观古今，凡脾气急躁之人，很难成就大事，或者一生命运多艰。因为急躁很容易使人犯糊涂，往往会从一个极端走向另一个极端。

三国时期魏国的王思，曾官至大司农，可他性情急躁，晚年时更是脾气暴躁，经常无故大发雷霆。手下人为伺候他，尽管小心翼翼，却仍经常遭到痛骂。一日，一个小吏向他告假，说父亲病重想回家看看，并说明离家很近，用不了多久就能回府。王思疑其所言不实，遂不准假。第二天，这位小吏的父亲就去世了，王思听说后，毫无悔意。王思的暴躁，不单是对他人，对稍不如自己意的事情，也是怒不可遏。有一天他闲来无事提笔作画，这时有只苍蝇落到了他的笔杆上，他一连驱赶了数次，苍蝇总是去了又来。他气得将笔摔下，去追满屋乱飞的苍蝇。最后，苍蝇没抓到，便将怒气发泄在笔上,将笔掷于地上又踩又踩,直到把笔毁了,方消怒气。

东晋时期的卫将军王述,曾做过朝廷的尚书令,是位受人称道的清官。然他年少时却是个性格急躁、遇事很容易发脾气的人。有一次他躺在床上吃鸡蛋,用筷子去刺,没有刺中,便怒从心起地将鸡蛋掷于地上。见鸡蛋滚动不停,便下床用木屐去踩踏,见没有踩住,于是更加恼怒,抓起鸡蛋塞进嘴里,咬碎后又狠狠地吐出来,似乎觉得这样才解气。因为性情急躁的毛病,王述曾碰过不少的壁。直到拥有显要官职后,王述明白性情急躁有百害而无一益,于是努力克制自己性急的毛病,常以柔和之道接人处事。同僚中有个叫谢奕的人性情粗暴为人刻薄,动不动就对人恶语相加。而谢奕又怨恨王述,常借故用阴森恶毒的语言相骂。每逢这时,王述都不予理睬,面向墙壁站着。直到谢奕离去,他才回过头来当什么事也没发生一样。他这种忍辱负重的涵养,受到了大家的一致称赞。

古人王思的性情暴躁, 无疑给他的官宦生涯抹上了不光彩的一笔;王述脾性由急躁到沉稳的蜕变,是后人学习的楷模。封建社会人们尚且懂得性格暴躁的危害, 那么在和谐的文明时代, 我们更应该克制急躁情绪,为成就自己创造必需的先决条件。我们要明白:脾性急躁、易怒、刻薄,都会给自己的事业造成一定的影响,更会给人际关系蒙上阴影。人与人之间讲究的是互尊互爱,谁也不愿意与一个喜怒无常、刚愎自用、为人刻薄的人合作。人容易急躁,多与环境不利有关。情绪急躁焦虑,会失去理智,凭一时的主观意愿判断是非,往往会误入歧路,换来的可能是永久的悔恨。遇事若能冷静下来深思熟虑,或许就是柳暗花明又一村。

有这么个民间故事:古时候有位秀才第三次进京赶考,仍住在前两次赶考时住的客店里。考试的前两天他做了三个梦:第一个是梦到自己在墙上种白菜;第二个梦是下雨天,他戴了个斗笠还打着一把伞;第三个梦是与心爱的表妹脱光衣服同睡一张床,但是背靠背。秀才觉得这些梦有些蹊跷,于是去找算命先生解梦。算命先生一听秀才的梦,摇头叹气说:“我看你不用考试了,还是回家的好。你想想,墙壁上种菜,不是白费劲吗?戴着斗笠打伞,不是多此一举是什么?跟表妹睡在一起却背靠背,分明是没戏了。”秀才一听,觉得有理,不由气塞心头,心灰意冷,于是回店收拾包袱打算回家。店掌柜见秀才脸色灰暗地收拾着行装,问道:“不是明天就考试了吗?你怎么突然要回家呢?”秀才叹了口气,将自己的梦与算命先生解梦的话与店掌柜说了。店掌柜有些见识,也同情秀才,于是想了想,开导着说:“别听算命先生胡言,我倒是觉得你这三个梦是吉兆梦哩!”秀才一听,停住手望着掌柜。掌柜不紧不慢地说:“你先别急着回家,要留下来参加考试。你想:墙上种菜不是高种吗?戴着斗笠打伞,叫做双重保险有备无患。你与表妹脱光衣服背靠背,说明你翻身的时候就要到了啊!”秀才一听掌柜的话,很是高兴,将行李重新放回到原来的地方,重新振作精神信心十足地参加考试。待到皇榜发布之日,秀才榜上有名,中了个探花。

这个故事说明:冲动急躁将会一事无成,任何时候都不宜听信非言,意气用事。只要理智加冷静,坚守心中的信念,就会有成功的希望。

暴虐终归自食其果

BAO NUE ZHONG GUI ZI SHI QI GUO

无论身处何种地位，做人应有慈爱心肠。但凡有慈爱心的人，容易逢凶化吉，消灾免难。个中缘由，自然是慈爱之心能受人尊重，得人相助，免生烦恼。相反，暴虐待人，天怒人怨，最终必然自食其果。

历史上，暴虐酷吏不乏其人，然这些人再怎么逞凶一时，最终均被绳之以法。比如，唐代武则天时期的两大酷吏索元礼与来俊臣，便是一例。

索元礼是武则天男宠之一薛怀义的干爹，其性情极其残忍凶暴，素以诬告陷害他人为能事，死在他手中的冤魂达数千人之多。身为一个胡人的索元礼之所以能得到重用，一是得益于他干儿子薛怀义的极力引荐，才得以步入官场；二是武则天急需酷吏维护其统治地位。索元礼上任伊始，便挖空心思发明了种种惨无人道的酷刑，最厉害的是所谓的“铁笼”刑具。

为了博得皇上的欢心，他指使人捏造种种罪名滥杀无辜，甚至对杀人最多者给予奖赏。一时间，索元礼成了武则天所器重的红人。此时，朝中的司仆少卿来俊臣等酷吏也伺机而动，与索元礼沆瀣一气，稍有不如意，便大肆诬陷拘捕无辜臣民，被天下人称为“来索”，即为索命的意思。两人为了进一步制造以杀人为乐的工具，联手发明了十种枷刑，一曰定百脉，二曰喘不得，三曰突地吼，四曰着即承，五曰失魂胆，六曰实同反，七曰反是实，八曰死猪愁，九曰求即死，十曰求破家。合编了一套刑讯逼供的教材，取名《罗织经》，共分 12 卷：阅人卷，事上卷，治下卷，控权卷，制敌卷，固荣卷，保身卷，察奸卷，谋划卷，问罪卷，刑罚卷，瓜蔓卷等。所谓的《罗织经》，包含“事不至大，无以惊人。案不及众，功之匪显。上以求安，下以邀宠，其冤固有，未可免也”。这些为他们罗织罪名迫害无辜提供了莫须有的依据。朝中大臣们个个胆战心惊，不知何时会被这些人送上断头台。武则天之所以重用酷吏，完全是为了打击政敌，即便有些滥杀无辜，在她看来也无关紧要。当政敌被除去后，武则天感到如继续重用这些酷吏，不但民怨极大，也有伤国体，于是开始对酷吏由重用变成抑制，故而酷吏也很快走上了衰亡之路。武则天在贬杀了丘神责力、周兴、傅游艺后，索元礼以“座赃贿”罪押在狱中。官吏审讯索元礼时，索元礼拒不认罪。于是官吏命人取来“铁笼”，索元礼一见自己发明的这种刑具，立时吓得魂不附体，只得服罪，罪状是搬弄是非，死于狱中，最后自食其果。酷吏来俊臣比起索元礼的残酷，有过之而无不及。他采取严刑逼供等手段，任意捏造罪名将人置于死地。大臣、宗室被其枉杀灭族者达数千家之多。这还不过瘾，他甚至企图陷害武氏诸王、太平公主、张易之等武则天最为信任的人物。又诬告皇嗣李旦和卢陵王李显谋反，被其好友卫遂忠告发，武氏诸王与太平公主等乘机揭露来俊臣的种种罪行。武则天下令将来俊臣伏法，斩于洛阳西市。行刑这天，人皆相庆。不少人争着剜眼、剖肝、割肉。又有人为解其恨，骑马践踏尸骨。酷吏索元礼、来俊臣之流的下场，也是历代酷吏共同的命运。

当他们春风得意陷害别人的时候，不知想到过没有，恶有恶报，这是任何人也改变不了的宿命规律。官场如此，平民也是如此。做人，不可以暴虐异己伤害无辜。否则，报应迟早会找上门。

骄奢的代价
JIAO SHE DE DAI JIA

所谓骄奢，指目空一切，穷奢极欲。骄奢品性的人，不知天高地厚狂妄自大，接人待物总喜欢凌驾于他人之上，习惯于颐指气使横行霸道，从不把别人当回事。纵观古今，此类人不在少数，但凡骄奢者往往会为此付出沉痛的代价。

春秋时期，卫国的第十二代君主卫庄公十分溺爱他的儿子公子州吁，什么事情都惯着他。这样一来，公子州吁从小就养成了固执放荡、骄奢淫逸的恶性。他为所欲为，挥金如土，横行霸道，根本不把任何人放在眼里。卫国大夫石碏曾劝卫庄公要管教好州吁，不要使他成为骄横跋扈、奢侈腐化的人，卫庄公不以为然。卫庄公死后，州吁便篡位夺权，杀死哥哥卫桓公，自己做了国君。由于他性情残暴，不得人心，卫国民心不稳，狼烟四起。这时，州吁的心腹石厚便向父亲石碏请教安定君位的方法。石碏对篡位的州吁很是反感，也对这个助纣为虐的孽子十分不满，于是说："若能朝见周天子，君位就能安定了。"石厚问怎么才能见到周天子，石碏说："陈桓公正受周天子宠信，陈国又和我们卫国的关系友好，只要先见陈桓公，经他引见，就能见到周天子了。"石厚一听，便与州吁去了陈国。而此时，石碏抢先派人送信给陈桓公说："我年纪老迈，没什么用处了。卫国来的那两个人，正是杀害我们卫国国君的凶手，敢请趁机设法抓住他们。"当州吁和石厚一到陈国，就被抓获，并请卫国派人来处置。这年的九月，在石碏的部署下，卫国派遣右宰丑前去，在濮地杀了州吁。石碏觉得孽子不除，难平民愤，于是大义灭亲，派家臣獳羊前往陈国，杀了石厚。

西晋朝臣贾谧，仗着是贾皇后外甥的关系，权倾朝野，威福无比。其家中一天到晚都有歌童舞女相伴，过着极其荒淫的生活。后因与贾后一起合谋陷害太子，被赵王司马伦所杀。

这两则历史事件充分说明，骄奢淫逸者，不管是什么人，必将为此付出惨重的代价。与骄奢相反的是谦虚低调。拥有这类心境的人，往往会得到大家的拥护和赞叹！

南北朝时，北魏有个叫贾思伯的大臣，曾做过孝明帝的老师，在朝中地位很高。但他从不以此骄傲自满，对人非常谦恭和蔼。有人说他过于谦虚，他说"衰至必骄"。由于他品格高尚，孝文帝即位后，十分敬重他，擢升他做了中书侍郎。

类似这样的例子，无论是古代，还是现代，并不少见。谦虚是人的优秀品德，自然会受到大多数人的敬重。与之相反的骄奢自大，如州吁石厚之流，往往会使自己陷入绝境而不得善终。

自夸不是明智之举

ZI KUA BU SHI MING ZHI ZHI JU

妄自尊大，自吹自擂，给人的印象必然是无知与浅薄。真正有本事的人，会保持矜持，善于谦虚，绝不会夸耀自己。所以说，乐于自夸，无非是自欺欺人，绝非明智之举。

唐代杜审言是"诗圣"杜甫的祖父，进士及第出身，曾做过朝官。年轻时与李峤、崔融、苏味道齐名，并称为"文章四友"。此人凭着有些才情，为人高傲，喜欢自夸，固为人所嫉恨。苏味道任天官侍郎时，有一次朝廷选拔官员，杜审言被命一同参加官员的预选试判。当杜审言走出预选室时，便对旁人说："苏味道必死！"旁人听后大惊，问是何原因。杜审言趾高气扬地说："他见到我的判词，应当羞愧而死。"言下之意是苏味道的才华不如自己。杜审言曾大言不惭地对人说："我的文章应该让屈原、宋玉做衙门的岗哨;我的字应该让王羲之甘拜下风。”杜审言的恃才与自傲,注定了他永远成不了受人尊敬的人。仕途上也步履维艰,后来终因恃才自傲而获罪,惨遭贬职。

善于自夸的人,其实是最愚蠢的。即便再有才华和能耐,也要谦虚谨慎,若是常挂在嘴边自吹自擂,生怕别人不知道,其本身就已经失去了分量,给人的印象是“王婆卖瓜”。

某地有个叫王六的人,经常在别人面前夸自己在城里工作的儿子如何的有出息,参加工作不到一年就当上了经理等等。王六为此觉得荣耀无比,时常摆出一副老大爷的派头,动不动就教训人,拿自己儿子说事,为此得罪了不少人。一天,王六得了重病,他儿子回乡看望他。邻居说:“王经理,你爹病成这样,该赶快送医院才是啊!”王六的儿子犹豫了片刻对邻居说:“想是想送,只是需要住院费才成啊。”邻居不满道:“你不是当上经理了吗?不会连这几千块钱也拿不出来吧!”王六儿子摇头道:“我只是一家小酒店前台打杂的,叫前台经理,每月才两千元工资,除去生活开销所剩无几了,哪还有什么余钱啊!”邻居听了,瞪了床上的王六一眼,无声地出了门。邻居们得知真相后,纷纷贬损王六海口胡,夸传为一大笑谈。尤其是被王六得罪的人,在一旁等着看王六死要面子活受罪。王六的儿子为了给父亲治病找人借钱,屡遭碰壁。后来,还是邻居实在过意不去了,主动借了几千元给王六,让他去医院治病。由于所患的脑梗死未能得到及时治疗,王六落下了后遗症,说话口齿不清。

通过这个故事足以说明:做人要诚实,不要为了一点可怜的虚荣心而胡夸海口。即便真如其事,也应低调稳重。

嗜好也要有道德

SHI HAO YE YAO YOU DAO DE

每个人都有自己的嗜好，如喝酒、吸烟、体育，琴棋书画、唱歌跳舞、饲养宠物乃至打牌甚至赌博等。嗜好无可非议，但必须要有道德。

且不说古今名人们的嗜好各有千秋，就拿我们普通人来说吧，多多少少都有点儿嗜好。有的嗜好是习俗若成，而有的嗜好则是出于个人目的。可以说嗜好涵盖了生活的方方面面。有嗜好不一定是坏事，也不是要求嗜好如何的高尚，但起码的一点，是要懂得尊重他人把握自己，不要把个人嗜好变成违背社会公德的行为。比如，嗜好喝酒的人，要懂得适可而止。要是酗酒成性胡言乱语，便是失去了酒德。有人拿杜甫的“李白斗酒诗百篇”作为狂饮的理由，其实有失偏颇。李白之所以被称为酒仙，皆出于特定的历史场合。他要真是一个醉生梦死的醉鬼，不但写不出流芳千古的诗句，恐怕也会声名扫地了。吸烟有害健康路人皆知，但吸烟是个人的一种嗜好,他人没法干涉。问题是有的烟民不顾及所处环境,在公共场合吞云吐雾。其二手烟的危害,直接影响到他人的健康,这是不道德的。喜欢文娱活动,吹拉弹唱,有益于身心健康,但须在不影响他人休息的前体下进行。要是不顾及他人随意放纵自己,就有失公允了。现在有不少人喜欢饲养宠物,饲养宠物本身没有错,要说错的话,便是在公共场所放纵动物,比如任其随地大便甚至伤人等。更有甚者,有个别人视宠物胜过孝顺父母亲,其喂养奢侈程度令人咋舌。试想一下,生养自己的父母还不及宠物待遇,这正常吗?打牌是一种不错的消遣方式,要是加上赌博,就另当别论了。赌博害人害己家喻户晓,可仍有不少人偏向虎山行,最后破财不说,还殃及他人。俗话说赌场如战场,因赌博酿成的斗殴流血事件并不鲜见。凡此种种,明知不可为而为之,不能不说是不道德的。做任何事情,有什么样的嗜好,若丧失了道德底线,始终是遭人唾弃的。

嗜好能反映一个人的精神风貌。高尚的人,其嗜好往往建立在道德与文明的基础之上。只有低级趣味的人,或者自私狭隘的人,才会不顾人伦道德,置他人利益于不顾。

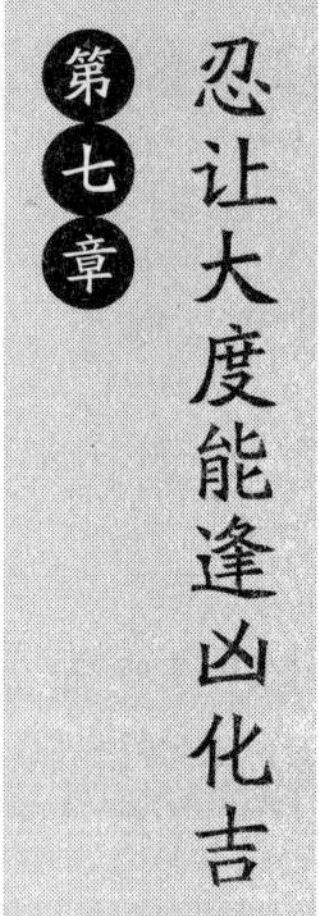

第七章 忍让大度能逢凶化吉

做人有忍让大度之心，可以化干戈为玉帛，免去许多烦恼，甚至能逢凶化吉。生活中与人相处，难免有不尽意之事，无论遇到什么事情，忍一时，风平浪静；退一步，海阔天空。任何的争强好胜，只会使矛盾加剧，带来一系列的严重后果。古往今来不少成功人士，得益于忍让的肚量才功成名就。

气量是成功的基石

QI LIANG SHI CHENG GONG DE JI SHI

“气量须大，心境须宽”，这些话是老祖宗们总结出来的金玉良言。自古以来，成大事者，必有大气量，小肚鸡肠是成不了大事的。

三国时期的霸主之一孙权，既没有曹操的老奸巨猾，也不及刘备的仁义道德。他之所以能与魏、蜀成三足鼎立之势，关键在于他胸怀宽广，能做到知人善任。孙权接掌东吴大权后，一律善待其哥哥遗留下来的大臣，与他们关系十分融洽，故而实现了政权平稳过渡。这在古代来说，是十分少见的。俗话说一朝天子一朝臣，新君王即位，一般都喜欢排除异己，重用自己的亲信，而孙权却不搞那一套。相反，他视这些大臣比他哥哥在位时还要好。如此一来，很快得到了全国上下的拥戴。紧接着，他知人善用，不拘一格启用将才，如鲁肃和吕蒙等人。这些人之前并不被重视，孙权慧眼识英才。事实证明,这些人能征善战,智慧超群,为巩固东吴的政权,发挥了超凡的作用。当时东吴的经济和军事实力不及魏、蜀,由于孙权破除成见,任人唯贤,着力教化民众,广施仁政,各方面得到了长足的发展。

唐朝宰相陆挚,怀疑太常博士李吉甫结交朋党,将李吉甫贬为明州长史。后来陆挚遭到裴延龄的排挤陷害,被贬往忠州。裴延龄欲要加害陆挚,便利用李吉甫与陆挚有宿怨之机,起用李吉甫欲借李吉甫之手将陆挚整死。然李吉甫不计前嫌,以对待宰相的礼节对待陆挚,与他相处甚欢。起初陆挚为自己当初的举动感到羞愧,在李吉甫的极力宽恕下,二人逐渐成为至交。李吉甫的人品和胸怀,受到了同僚们的敬佩,加上他的杰出才能,先后两次被拜为宰相。

民间相传有这么个故事:有个师弟经常为一点小事与师兄吵架,师父看在眼里,心想要想个法子教育小徒弟一下才好。一天,师父拿出两包盐,要小徒弟将一包盐倒进一桶水中,并命他喝一口。小徒弟按师父的话喝了口桶中的水,立时大叫着又苦又涩。师父笑了笑,又命他将另一包盐倒进一片湖水中,同样叫他喝一口湖中的水,小徒弟不敢违拗只得喝了。这一次,他不但没叫苦,还连说是甜的。师父借势开导他说:“同样是倒入一包盐,因为桶的容量小,所以水又苦又涩;湖水容量大,倒入一包盐,丝毫改变不了水的甘甜。做人也是这样,气量狭小斤斤计较,人生只有苦涩而尝不到甜头;只有心胸宽广豁达的人,才能感到事事处处都甘甜。”小徒弟听了师父的话,这才醒悟过来。其实,尘世间的每个人,都持有自身生命之水,那就是一个人的胸怀。胸怀宽广,生命之水才能取之不尽用之不竭。否则,气量狭小,容不下别人,最终也会容不下自己,直至处处碰壁,枯竭而亡。

现实生活中,不乏大气之人,也有气量狭小之辈。很多时候,我们去做一件事,缺乏的不是知识和能力,而是胸襟、视野和境界。心眼像针眼一样小的人,无论遇到什么事,都会斤斤计较,患得患失。他们整日忙忙碌碌,最终却碌碌无为;相反,心胸宽广的人,尽管从事的是平凡的工作,但他们从不自暴自弃怨天尤人,而是任劳任怨不计得失,在平凡的岗位上做出了不平凡的业绩。伟大出自平凡,而平凡来自博大的气量!

不可逞匹夫之勇

BU KE CHENG PI FU ZHI YONG

什么是匹夫之勇?宋代文学家苏轼在《留侯论》一文中开篇说:“古之所谓豪杰之士者,必有过人之节。人情有所不能忍者,匹夫见辱,拔剑而起,挺身而斗,此不足为勇也。天下有大勇者,卒然临之而不惊,无故加之而不怒。此其所挟持者甚大,而其志甚远也。”

春秋时期,越王勾践被吴王夫差打败,在吴国囚禁三年,受尽了耻辱。回国后,他决心自励图强,誓雪前耻。十年间,有人主张向吴国报仇雪耻,都被勾践拒绝了。他卧薪尝胆,带领全国人民发展生产扩充实力,终于使越国兵强马壮。十年后,将士们纷纷向勾践再次请战:“君王,现在越国的民众敬爱你就像敬爱自己的父母一样,如今我国国富民强,儿子要替父母报仇,臣子要替君主报仇。请你下达命令吧,我们誓与吴国决一死战。”勾践点点头，把将士们集中起来，然后亲自对他们说："我不担心将士们没有决心，只是担心将士们缺乏自强的精神。我不希望你们不用智谋、单凭个人勇敢，逞匹夫之勇。而是希望你们步调一致，共同进退。前进的时候要想到会得到奖赏，后退的时候要想到会得到惩罚。这样，就会得到应有的赏赐。如进不听令，退不知耻，会受到应有的惩罚。"将士们听了君王的嘱咐，更是信心十足。进攻吴国的时候，大家互相勉励，说："有这样的国君，我们怎能不为他效力呢？"大家牢记越王的话，严守军纪斗志高昂，终于打败了吴王夫差，灭掉了吴国。

从这个典故中不难看出：勾践的成功，得益于天时地利人和，假若不顾国情报仇心切，很有可能被吴国消灭。所以说，无论做什么事，若没有充分的准备，逞一时之勇，是很难成功的。

汉高祖刘邦做了皇帝后，在洛阳宫大摆宴席宴请群臣。席间，他不无得意地说："朕之所以取得天下，是因为朕知道每个人的特长，并且懂得如何让他发挥长处。"说完这话后，他问身旁的韩信，要他说说对自己的看法。有些醉态的韩信说："皇上很清楚自己的长处，其实若论机智与才华，皇上不及项羽。我曾经是他的部下，对他的性情和作风比较了解。项羽虽然勇猛善战，一人可敌数千人，但他不知道如何用人，可惜埋没了许多将才。所以说项羽虽然勇猛，却不懂得深谋远虑，有勇无谋，只是匹夫之勇。皇上您善于任用贤人勇将，把天下分封给有功劳的将士，使大家心悦诚服，所以天下终归是皇上您的了。"韩信的这番话，无疑道出了两大霸主成功与失败的根源所在，不失为金玉良言。

勇敢,是人应具备的优良品德。但若是有勇而无谋,或者说盲目自信,不但不可取,而且十分有害。所以说,无论做什么事,都要三思而后行,不可逞一时之勇。比如说面对企业的生死存亡,首先要懂得着眼大局谋划未来,哪怕损失眼前的小利益,只要能换取长远的利益,都是划算的。倘若只顾眼前利益,破釜沉舟孤注一掷,到头来势必以失败而告终。

性直更要懂得保护自己

XING ZHI GENG YAO DONG DE BAO HU ZI JI

性格豪爽,心直口快,不虚伪不做作,洒脱超然,固然是人性的一大优点。但是如果任其放纵不能自制,或者不懂得避其锋芒,极有可能滑向固执偏激,也容易招惹是非而自毁前程。古往今来,不少才华横溢的人之所以怀才不遇,大多毁在任性而为的偏执个性上。

唐代诗人李白恃才傲物,一辈子仕途多舛报国无门,只能纵情山水,吟念“抽刀断水水更流,举杯消愁愁更愁”和“人生在世不称意,明朝散发弄偏舟”的诗句,哀叹着孤独的人生。《水浒传》中的李逵,为人好打抱不平,性格粗鲁,敢作敢为,但对宋江言听计从。当宋江要率梁山好汉招安时,他极力反对,并大闹东京城,撕了皇帝的招安诏书。后来宋江喝了高俅送的毒酒中毒,宋江担心自己死后,李逵会聚众造反,会坏了梁山英雄的名声,于是命李逵同饮毒酒一块身亡。正因为李逵性子刚烈疾恶如仇,才当了投降派宋江的陪葬品。

春秋时期，晋国大臣伯宗正派耿直，敢说直话，不怕得罪权贵。每次上朝，他妻子总要提醒他不要讲直话，避免惹祸上身。然伯宗觉得作为一个臣子，如果不讲直话，将愧对晋国百姓，所以他完全没把妻子的劝言放在心上，谁是谁非，哪怕是君王，非要说个清楚。晋厉公是个昏庸暴虐的君主，喜欢溜须拍马之徒，对伯宗的直言不讳很是反感。后来，一些奸诈之徒见伯宗老是与自己过不去，便在晋厉公面前诽谤伯宗，说伯宗的坏话。晋厉公听信谗言，下令将伯宗处死。

像这样的事例，历史上不胜枚举。性子太刚直，不懂得隐忍，往往容易被折断。

有这么个民间故事：从前，有两个邻居，一个性子刚烈，一个秉性软弱。从上学开始，刚直的人没人敢和他一起玩，唯恐自己做错了什么被他知道后闹得沸沸扬扬；而软弱的人常被人欺侮，一有事就拿他当出气筒。这俩人一个倍感孤独，一个提心吊胆。于是两人都去向禅师请教如何做人，禅师对他们只说了八个字："过刚易折，过柔易弯。"他们听了后，觉得很有道理，于是慢慢改变了自己的性格。后来，他们聚在一起，说起各自的感受。刚直的人感慨道："原来没人敢和我交往，如今都愿意与我做知心朋友了。那个原来软弱的人也说："是啊！现在没人再会欺侮我了，一有事就与我倾诉，一番开导，气就没了。

这个故事告诉我们：做人不可以太刚直，也不可以太软弱，只有刚柔相济，才有可能保护好自己！

成事需要应变能力

CHENG SHI XU YAO YING BIAN NENG LI

生搬硬套,教条主义,是难以成就事业的。具备灵活机动的应变能力,是成就事业的关键。遇到突发事件更能体现一个人处变不惊的应变能力。

南北朝时期,东魏的侯景等人把北魏的独孤信困在金墉,北魏丞相宇文泰率军前来救急。交战中,宇文泰的马中箭,宇文泰摔倒在地,被东魏士兵追上。眼看宇文泰被捉住,宇文泰的都督李穆跳下马,用马鞭抽打宇文泰的背部说:“你不过是陇东士兵,你的首领在哪里?你为什么一个人在这里?”东魏追兵听了,以为这两人不是什么重要人物,也就没把他们放在眼里。趁防守松懈之机,宇文泰和李穆逃跑了,北魏军队见宇文泰回来,士气大振。经过一番部署,终于打败了东魏兵。宇文泰作为北魏主将,如果不是李穆急中生智施计谋救下,主将被俘会军心涣散,北魏军必败无疑。

《三国演义》中的“煮酒论英雄”，曹操问刘备，说当今之世谁是英雄！刘备一一列举了袁绍、刘表、孙策、刘璋等人，曹操均摇头否定，并说：“夫英雄者，胸怀大志，腹有良谋，有包藏宇宙之机，吞吐天下之志者也。”刘备询问“谁能当之？”曹操手指刘备，接着又自指了一下，说：“今天下英雄，惟使君与操耳！”此时的刘备不由大惊，因为他明白，被曹操看出了自己的鸿鹄之志，将凶多吉少。于是一惊之下，手中的匙箸不由掉落地上。此时正雷声大作，刘备忙以雷掩饰，弯腰拾起匙箸说：“一震之威，乃至于此。”曹操笑道：“丈夫亦畏雷乎？”刘备借题发挥道：“圣人迅雷风烈必变，安得不畏？”就这样，刘备急中生智，轻松化解了一场危机。自古以来，以应变而取胜的事例比比皆是，但如此相反的是，守株待兔、刻舟求剑，往往会以失败而告终。

随着社会的不断发展，应变能力显得尤为重要。比如，网络信息日新月异，如果老是停留在原地，就有可能被淘汰。一般来说，工作性质的不同，应变能力的要求不尽一样。像运动员、营销员、调度员等，就需要有很强的应变能力。又比如会计、车间工人、保安等，应变能力的要求相对弱一些。不论从事什么工作，也不论遇到什么突发事件，在不违背法律和道义的前提下，运用灵活机动的应变能力，以提高效能减少损失和麻烦，均是可取的。

珍爱生命莫自暴自弃

ZHEN AI SHENG MING MO ZI BAO ZI QI

人的生命只有一次，在有限的年华里，既要珍爱生命，爱护自己的身体，又要有所作为，困难面前不自暴自弃。唯有如此，才能活出人的尊严！

霍金是英国的一名科学家，又是世界公认的引力物理科学巨人。他是一名残疾人。有一次，霍金坐轮椅回公寓，过马路时被小汽车撞倒，左臂骨折，头被划破，缝了十三针。两天后，他又回到了办公室投入工作。虽然身体的残疾给他的工作和生活带来了许多难以想象的困难，但他仍然以顽强的毅力，在轮椅上完成了自己想做的事情。对于霍金来说，身体的残疾丝毫没有影响他做人的尊严。一次与查尔斯王子会晤时，王子问他身体怎么样，他得意地旋转自己的轮椅来炫耀，结果轮子轧到了查尔斯王子的脚趾头，引为笑谈。在进行量子引力的研究中，霍金多次在微弱的地球引力下跌下轮椅，幸运的是，每一次他都能顽强地重新“站”起来。1985年，霍金由于身体不适，到医院做了气管手术，从此失去了说话功能。他就是在这种极其艰难的情况下，写出了著名的《时间简史》，为人类进一步探索宇宙的起源，作出了重大贡献。

与霍金有异曲同工之效的美国教育家海伦，从小双耳失聪双目失明，好几岁了连话也不能说。七岁那年，家里为她请了位叫沙利文的家庭教师。沙利文小时候眼睛也差点失明，了解失去光明的痛苦。在沙利文的指导下，海伦用手触摸，学会了手语；用点字卡，学会了读书；用手摸别人的嘴，终于学会说话了。为了让海伦学到更多的知识，沙利文带海伦亲近大自然，让她在草地上打滚，在田野里奔路，在地里播种，爬到树上吃饭，到河边戏水等。通过多种锻炼，海伦逐渐克服了失明与失聪的障碍，终于完成了大学学业。后来与她朝夕相处的老师五十岁那年离开了人世，海伦悲伤之余，明白没有老师深沉的爱就没有她的今天，决心要把老师的爱发扬光大。于是，她以惊人的毅力跑遍了美国大大小小的城市，并周游世界，为残障人奔走服务。直至1968年，海伦八十七岁去世，她终生致力服务于残障人的事迹，被拍成了电影，受到人们的广泛赞叹！

纵观古今中外，身处逆境自强不息者大有人在。除了国外的霍金和海伦，中国的华罗庚、张海迪等人，其身残志坚的事迹更是感人肺腑催人奋进！然面对困境自暴自弃者也大有人在。比如说战国时期魏国的魏无忌，本是个颇有才能的军事家，被封为信陵君。因为屡遭他哥哥魏安釐王的猜忌而未能予以重任，魏无忌心灰意冷之下，置国家大事而不顾，醉心于吃喝玩乐，自暴自弃。结果，伤于酒色而死。本来可以大展宏志的军事天才，成为了一个被人轻视的庸才，委实叫人惋惜。

要理性休要苟且

YAO LI XING XIU YAO GOU QIE

理性是指人在正常思维状态下时，为了获得预期结果，有自信和勇气冷静地面对现状，并快速全面了解现实，分析出各种可行性方案，再判断出最佳方案，并对最佳方案进行有效执行的能力。苟且却抛开理智思维，为一时之快乐而偷安。要理性不要苟且，是每个有正义感的人须要遵从的法则。历史上，当国家民族利益受到威胁时，不少英雄豪杰为了维护正义而血洒疆场，这些人物始终受到历史的肯定和民众的歌咏；而那些为自己的荣华富贵不惜出卖国家民族利益苟且偷生者，一直以来被中唾弃，乃至遗臭万年。

南宋末期，蒙古族大举入侵，并建立元朝，南宋都城临安危在旦夕。文天祥虽然是个文官，他眼看国家将要灭亡，于是毅然变卖了家产，招兵买马,购买粮草,树起了抗击侵略者大旗。在他的号召下,百姓们纷纷加入了他的队伍。经过几次战役,由于元军势力强大,文天祥和他的将士们抵抗不住,只得退守临安。不久,朝廷派他去与元军议和。元军不但不答应议和,反而逼迫他投降元军。说要是不投降,就把他杀死。文天祥冷笑道:“国家存在,我也存在;国家灭亡,我也灭亡。你们就是把刀、锯架在我脖子上,我也不怕。”元军拿他没办法,只得把他扣留,再押送去大都。在押送的路上,文天祥凭着其机智勇敢,在船夫的协助下,逃出了元军的手掌,又历尽千辛万苦,回到了南方。此时的文天祥,抗敌之心越发坚定,他重新组织起了一支抗元救国队伍,与元军决战,并收复了一些失地。1278年,在一次战役中,文天祥被元军俘虏。元军主帅劝文天祥投降,并说只要他答应投降,保他有享之不尽的荣华富贵,但被文天祥一口回绝。第二年,元军消灭了南宋的残余军队,南宋宣告灭亡。狱中的文天祥得知这个消息后,伤心欲绝,大义凛然写下了“人生自古谁无死,留取丹心照汗青”的诗句,表达了他以死报国的决心。元朝统治者十分敬佩文天祥的才能和忠心,多次劝说他为元朝效力,说只要他愿意投降,什么条件都可以答应他。然文天祥面对各种威胁利诱,宁死不屈。五年后,元军知道无法降服文天祥,只得下令将他处死。文天祥以身殉国的民族气节,被人们传颂歌咏至今,兴盛不衰!然与此同时,南宋的奸臣卖国贼秦桧,祸乱朝政,出卖国家,以“莫须有”罪名害死抗金名将岳飞。虽然,他生前享尽了荣华富贵,死后却是遗臭万年,被世人唾骂。他的坟墓被称为“秽冢”,墓碑上“不镌一字”。及至两百多年后的明朝成化年间,有人将秦桧的“秽冢”挖开,把秦桧和王氏的尸骨扒出来扔到臭水沟里,以发泄对奸臣卖国贼的愤恨。

近代史上，为了自身的利益失去理智、苟且偷安者不乏其人。

比如清末民初曾显赫一时的袁世凯，因追逐名利出卖维新志士，致使戊戌变法中途夭折。辛亥革命后，为能当上“中华民国”皇帝，他更变本加厉，甚至不惜出卖民族主权，全盘答应日本提出的所谓“二十一条”。他的卖国行径激起了全体国民的愤慨，全国掀起了讨袁的浪潮。最终，复辟卖国不得人心，在四面楚歌中，袁世凯悲惨地结束了罪恶的一生。又比如，卖身投靠日寇的大汉奸汪精卫，为了大权独揽，竟然置国家危亡于不顾，建立汪伪政权，与日本法西斯残害中华同胞践踏大好河山，惨绝人寰坏事干尽。最后，不得善终。

但凡理性的人都知道，热爱自己的祖国皆人之常情，若是引狼入室助纣为虐，必然是天良丧尽理智全无。所以说，无论是事关国家命运，还是个人利益，都要从理性的角度出发，不要为了眼前的利益而丧失理智苟且偷生。

要有自知之明
YAO YOU ZI ZHI ZHI MING

善良的人懂得感恩,感恩的人深谙自知之明的道理。因为只有明白人生不易,才会懂得以德报恩。这里说的自知之明,是指既要明白自己的优劣,也要知道对方的优劣,这样才能知己知彼百战不殆。那些好高骛远,自以为是,老子天下第一的人,最终什么也得不到。正如老子所言:“善者果而已,不敢以取强。果而勿矜,果而勿伐,果而勿骄,果而不得已,果而勿强。物壮则老,是谓不道,不道早已。”

战国时期赵国的赵括,是赵国名将赵奢的儿子。赵括从小时候开始酷爱学习兵法,谈起用兵的道理来,似乎谁也不及他。于是自以为天下无敌,骄横跋扈,连他父亲也不放在眼里。公元前259年,赵括领兵二十万到了长平,请据守在长平的上卿廉颇验过兵符后,收归廉颇的二十万将士于麾下，共统领四十万大军，其声势十分浩大，不可一世。他认为廉颇的军事才能不如自己，于是把廉颇制定的军规全部废除，并趾高气扬下达命令："如秦军再来挑战，必须迎头痛击。若敌人逃跑了，就要穷追不舍，非杀得敌军片甲不留不可。"他的这道军令，认为自己人多势众必胜无疑，完全不把对方放在眼里。秦军的将领范雎得知赵括替换廉颇的消息后，大喜过望。原来这是他导演的一出反间计，且一切都不超乎他的预谋。他当然知道这个赵括是个什么角色，于是秘密委派白起为上将军，率军进攻长平。白起一到长平，按照计划布置埋伏，率领一部分军队故意打了几个败仗而逃窜。赵括不知是计，拼命追赶。白起把赵军引到预先埋伏的地方，派出两万五千精兵切断赵军的退路；与此同时，又派五千骑兵直冲赵军大营，把四十万赵军切成两段，使赵军进退不能。赵括这才知道上当，只好下令筑垒坚守，等待救兵。这时，秦国又发兵拦截赵国的救兵，切断赵军的粮草供给。赵国的军队内无粮草外无救兵，坚守四十多天后，军心涣散，无心作战。赵括欲率军突出重围，被事先埋伏好的弓箭手万箭齐发，赵括当即被射死。赵军听到主帅被杀，纷纷丢下武器投降。就这样，四十万赵军在纸上谈兵的赵括手里，全军覆没。赵括的失败，显然是骄傲自负的结果。

关于自知之明，古代有这么个故事：

战国时期，齐国的相国邹忌长得相貌堂堂，体格魁梧，十分英俊。而城北的徐公也是一表人才，是齐国有名的美男子。一天早晨，邹忌起床穿戴整齐后，信步走到镜子前仔细端详全身的装束和模样，越发觉得自己英俊潇洒，与众不同，于是随口问妻子道："你看，我与城北的徐公比起来，谁更英俊？”他的妻子走上前去，一边帮他整理衣襟，一边回答道：“您英俊无比，徐公哪能与您比呢？”邹忌听了虽然高兴，心里还是有些不大踏实，于是又问妾道：“我与城北的徐公相比，谁更英俊些呢？”妾忙答道：“大人比徐公英俊多了，他哪能与您相比呀！”邹忌听了，自以为是。第二天，有位客人来访，聊天中，邹忌想起昨天的事，想再印证一下，便随口问客人道：“您看我与城北的徐公相比，哪个更英俊些呢？”客人毫不犹豫地答道：“当然是大人您喽！徐公比不上您，您比他英俊多了！”邹忌一连求证了三个人，都说自己比徐公英俊，这才完全相信了。不过，他是个有城府的人，并没有因此而沾沾自喜。也是事有凑巧，第二天，城北的徐公来邹忌家拜访。邹忌第一眼就被徐公那气宇轩昂、光彩照人的形象怔住了。交谈中，邹忌不住地打量徐公，觉得什么地方不如徐公。为了找到差距，他偷偷从镜子里看看自己，再回过头瞧瞧徐公，忽然觉得无论是气质还是长相，都比不上徐公。这天晚上，邹忌躺在床上反复在想这件事。既然自己长得不如徐公，为什么妻子和妾，还有那位客人都说自己比徐公英俊呢？想到最后，终于找出了答案：原来这些人都是在恭维我啊！妻子说我美，是因为偏爱我；妾说我美，是因为害怕我；客人说我美，是因为有求于我。看来，我是受了身边人的恭维而认不清真正的自我了。

邹忌比美的故事告诉我们：人要有自知之明，若喜欢他人的恭维赞扬而不能自知，必将妄自尊大迷失自我。

第八章 舍弃才有所得

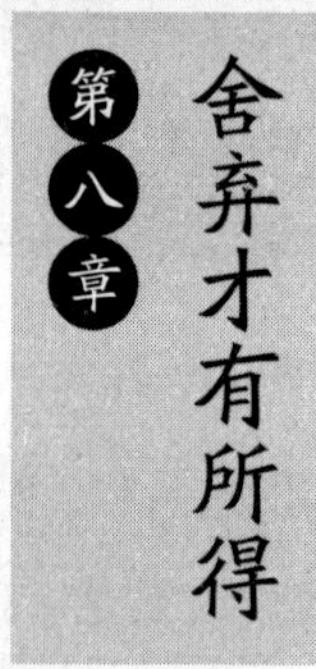

舍弃才有所得，乃千古不变的信条。世上的好东西太多，若要吸取精华，就必须丢弃其中的糟粕。正所谓推陈出新，不破不立。人生来到这个世上，都有属于自己的一份“口粮”，不可以逞能占尽便宜，更不可以将天下的好事一人独享。唯有懂得放弃该舍弃的东西，才会有新的更大收获。

取舍有度真君子

QU SHE YOU DU ZHEN JUN ZI

取与舍，往往与得与失相关联。俗话说君子爱财取之有道，所谓的道，是指“度”。只要掌握这个“度”，舍弃不义之财，才不至于有失。平安是福，无失即是有得。

东晋时期，有个叫王修龄的文人家庭虽然贫困，为人却极其硬气。一次，东晋名将陶侃之子陶胡奴羡慕其文才，想与他结交，便送给王修龄一船大米。然王修龄坚持不受，并义正词严道：“我如果挨饿，自然会向谢尚那里去借，可是你陶胡奴的米我不要。”王修龄所说的谢尚，均是东晋名将名士，关系也很友好。在他看来，接收一个毫无交情之人的馈赠，等于是污辱了自身的清白。

西晋尚书山涛，本是一位清官，然有一次接受了一个叫袁毅的官员送的一百匹丝绸，并把丝绸藏到了楼上。袁毅是个贪官，既贪心重又善于贿赂，东窗事发后，牵连的人都受到查办。袁毅送给山涛的那一百匹丝绸，山涛丝毫未动，主动从楼上取下丝绸交给了审查官。

东汉官员杨震在赴任途中经过昌邑时，昌邑县令王密乘夜送给他十斤黄金。杨震说："我知道你，你为何还不了解我呢？"王密没听明白杨震的责备之意，说道："现在是晚上，别人不知道。"杨震说："天知，神知，你知，我知，怎么能说没人知道？"王密这才明白过来，不由惭愧万分，怏怏而去。

历史上像这类不食"嗟来之食"的典故，不在少数。也正因为如此，才名垂千古被后人传颂。

世上美好的东西很多，只有真正的智者，才会只索取属于自己的部分，绝不会贪婪无度。

民间流传着一个寓言故事：一天，有个僧人惊慌地从树林里跑出来，刚好遇到两个在林边散步的熟人。熟人见僧人这副模样，奇怪地问道："你这样惊慌，难道是遇到猛兽了吗？"僧人说："不是猛兽，可它比猛兽更可怕！""那是什么？"熟人不约而同地睁大了眼睛。僧人说："我在树林中发现了一堆黄金！"两个熟人一听，相互忍不住道："他真是个大傻瓜，遇到了金子居然会害怕。"于是转过脸向僧人打听有黄金的地方。僧人问："林中莫名其妙出现金子，你们难道不害怕吗？"两熟人异口同声说不怕。僧人告诉他们，金子就在树林最西边的那棵树下。这两人大喜过望，按照僧人说的，找到了那堆金子。看到金光灿烂的黄金，一人对另一人说："僧人真是太愚蠢了，发现了金子害怕成那样。"另一人点头称是。于是他们两人讨论着怎么把这些黄金拿回去。其中一人说："白天拿回去不大安全，还是晚上拿回去好。我留在这里守着，你回去帮我拿些饭菜来，等到天黑了再把这些金子拿回去。"另一人觉得有理，就回家去了。留下来的那人心想：要是把这些黄金归我一人就好了。等他回来，我就用木棍打死他，这些黄金就是我一人的了。回去拿饭菜的那人也打起了主意，心里盘算着：我回去先吃饱饭，然后给他的饭菜里下毒。他死了，黄金就全是我的了。结果，等他拿了饭菜回到树林时，另一人乘其不备，用早准备好的木棍将他打死，然后自言自语道："朋友，对不起，我不想打死你，是黄金逼我这么做的。"然后大口吃起他带来的饭菜。没过一会儿，他感觉腹痛异常，口吐鲜血，这才知道是中毒了。临死前他仰天绝望道：僧人说的话很对，黄金真的会害人啊！

这则寓言告诉人们：钱财虽然是个好东西，然君子爱财取之有道，意外之财千万贪不得！

取舍之道，除了财物，还有心态。心态好，拿得起放得下，不为眼前利益所迷惑，才是人的最高境界。

有个民间故事，也是说的僧人如何对待红尘之事。有一天，某寺庙中的老和尚带着小和尚去化缘，途中路过一座桥，然桥很窄，只能容一人通过。当他们俩走到桥中央时，发现迎面走过来一个少妇。这时，老和尚便抱起少妇送到自己的身后，继续前行。走了一会儿，小和尚忍不住问道："师父，出家人讲究男女授受不亲，您刚才为何要抱那个女人呢？"老和尚不由大笑道："你是说抱那个少妇么，我早已放下了，你怎么还在想那事呢？"小和尚沉吟了一会儿，终于明白了师父话的意思。

为己方便，与人方便，又何必在乎过程呢！其实，生活中会有许多意想不到的事情发生，只要懂得取舍，放下无法改变的过去，轻装前进，才能拥有更精彩的未来！

追求快意须有度

ZHUI QIU KUAI YI XU YOU DU

有不少人言之凿凿要追求所谓的快意人生，何谓快意人生？按通俗的说法即是做自己喜欢做的事，又和自己爱的人在一起，无拘无束自由自在地生活。其实，快意人生虽好，但要懂得如何去把握。若率性而为，只顾眼前享受，快意将会贻害无穷。

有个民间故事，对追求什么样的快意人生很有启发意义。从前，有两个饥饿的人得到了一位长者的恩赐，即一根鱼竿和一篓鲜活的鱼。两人十分高兴，各人拿到想要的东西后，便分道扬镳了。得到鱼的人便在原地寻来干柴，烤熟了鱼狼吞虎咽起来，不一会儿将一篓鱼吃了个精光。由于再没寻到别的食物，他不久便饿死在鱼篓旁。那个拿到鱼竿的人忍饥挨饿，一步步艰难地向海边走去，当他快要到达海边时，因体力不支摔倒在地再也没爬起来，带着无尽的遗憾离开了人世。另外有两个同样饥饿的人，也同样得到了长者恩赐的鱼和鱼竿。只是他们并没有各奔东西，而是商定共同去寻找大海。他们共同拥有一篓鱼，每次只煮一条鱼充饥。经过遥远的跋涉后，两人终于到达了海边。从此，两人开始了捕鱼为生的日子。几年以后，他们盖起了房子，有了各自的家庭、子女，并有了自己的渔船，过上了幸福生活。

同样是长者恩赐的鱼和鱼竿，前者为图一时利益率性而为，结果死于饥饿。后者齐心协力共同经营，终于度过危机，柳暗花明。从这两个故事中不难看出，若一个人只顾眼前利益，得到的只能是短暂的享受和无穷的后患。同样的道理，快意人生若不能建立在长远利益的基础之上，肯定是短命的。

追求快意人生表现在人生的方方面面。从狭义来看，不外乎是酒色财气，外加一个赌字，它们被人称为“五魔鬼”，正因为它的魔性能带给人生许多快意，故吸引着不少人周而复始乐此不疲。但任何事物都有它的两面性，就像前面所列举的鱼和鱼竿一样，同样是两样东西，不同的人拥有它，发挥的作用截然不同。酒色财气赌也一样，若是能正确待之，就成不了魔鬼。所谓的正确待之，没有别的，关键是要把握一个“度”。“度”在何处，古代有个赋诗“酒、色、财、气”的故事，可以说颇具意味，不妨辑录于此。

北宋文学家苏东坡到大相国寺去拜访他的好友佛印和尚，奈佛印和尚外出未归，苏东坡便在禅房住了下来。苏东坡无意中发现禅房的墙壁上留有一首佛印题的诗：“酒色财气四堵墙，人人都在里面藏。谁能跳出圈外头，不活百岁寿也长。”苏东坡看后，兴趣使然，提起笔在佛印的诗旁附了一首诗：“饮酒不醉是英豪，恋色不迷最为高；不义之财不可取，有气不生气自消。”第二天，苏东坡就离开了寺院。有一天，宋神宗赵顼在王安石的陪同下，来到大相国寺游览。他们看到佛印和苏东坡的题诗，觉得有趣，于是宋神宗对王安石说：“王爱卿，你何不和一首？”君命难违，王安石沉思一会，挥笔写道：“无酒不成礼仪，无色路断人稀；无财民不奋发，无气国无生机。”宋神宗一看，大为赞赏。于是也即兴题写了一首：“酒助礼乐社稷康，色育生灵重纲常；财足粮丰家国盛，气凝太极定阴阳。”这四首论述酒色财气的诗作，由于各人所处的地位不同，遂产生了不同的评价。佛印和尚的诗从佛家的空性出发，提倡完全与酒色财气隔离，属于内圣之法门；苏东坡的诗充满了道德观，强调对酒色财气要把握一个度，属于儒家修身养性的伦理范畴；王安石与宋神宗的诗从国家社稷大局出发，肯定了酒色财气中所蕴含的积极因素。一个是贤相的境界，一个是王者的风范。

由此可知，任何事物都有其正反两方面的作用。比如快意人生，人人都心驰神往，但不能毫无节制的追求人生的快意。要像苏东坡所表达的那样，关键是要把握一个“度”。

贫富要知施与受

PIN FU YAO ZHI SHI YU SHOU

人上一百，形形色色，其中有穷人，也有富人。事实证明：若富人懂得施与，富贵才长久，而穷人知道该不该接受，方可激励自己奋进。纵观施与受，有的富人宁愿挥霍无度，也不愿施与他人；也有的穷人好逸恶劳，一心等待别人救助。

有这样一则寓言：上帝遇到两个路人，想满足他们每人一个愿望，一个是施与，一个是接受。其中一人觉得不用劳动接受他人的施与生活，是件很轻松的事情，便率先选择了接受。而另一人没法选择，只能是施与了。结果，选择接受的人，成了乞丐，每天靠别人的施舍过日子；而选择施与的人，成了富翁，每天拿财物去救济穷人。

北宋著名文学家范仲淹，平生乐于施与穷人。施与的对象选择那些贫穷而贤良的人。在他显贵的时候,购置上千亩良田作为义田,收获的粮食全部救济穷人。为了能准确救济到位,他请同族中的德高望重者管理这件事。让全族的人,人人有衣穿,个个有饭吃。并规定:凡族中人遇嫁娶丧葬,都进行资助。嫁女的资助五十千钱;再嫁的资助三十千钱;娶妻的资助三十千钱;丧葬的资助三十千钱。此外,供给族中子女上学九十人。范仲淹花巨资施与穷苦人,自家的生活却是十分节俭。他虽然高官厚禄,死的时候却连殡殓的衣服都没有,其子女也无钱为他办理像样的丧事。他的这个举动,获得了后人的高度评价和赞叹!

施与受,应建立在施与的对象界定和受方的心理品性基础之上。倘若毫无原则的施与,必将事与愿违。

唐朝玄宗时期,蓟门某寺庙有个叫夜光的和尚,聪明好学,几年间通读了很多佛经,加上口才很好,善于雄辩,所以很受寺庙和尚的敬重。寺庙中有个和尚叫惠达,为人忠厚老实,且家中富有。他羡慕夜光的才学,便与其做了好朋友。适逢笃佛崇仙的唐玄宗到处访求高僧和方士,夜光闻讯后,很想去京都长安活动,以期得到皇帝的赏识,无奈囊中羞涩,为此整天长吁短叹,闷闷不乐。惠达和尚理解夜光的心情,便主动送给他七十万钱,资助他去长安。夜光到了长安后,通过贿赂手段,很快巴结上了某公主。经公主引荐,夜光见到了玄宗皇帝。皇帝见夜光能说会道,且满腹佛学经纶,很是高兴,便委以重任。这消息传到了寺庙,惠达听说后,非常高兴,便带了许多礼物到长安去看望夜光,向他表示祝贺。夜光听说惠达到京城来找他,认定是来讨还钱的,心中十分不悦,见面后神情很是冷淡。惠达见夜光不高兴,只住了一晚就告辞离去。夜光担心惠达再来打扰,便给蓟门驻军首领写了封密信,说惠达有谋反之心,让其小心。驻军首领接信后大怒,不由分说将惠达抓捕,立毙于帐下。寺庙和尚得知真相后,无不义愤填膺,纷纷斥责夜光的忘恩负义行径。夜光也因此胆战心惊,每晚梦见惠达来向他索命,终因惶惶不可终日而死亡。惠达凭空遭遇不测,无疑是交友不慎施与不当所致。

所以说有施与之心,必须要认清对象,值得施与的才可施与。否则,恩将仇报反受其害。

施与受是一个矛盾的统一体,有钱不施与,当个守财奴,财源必枯竭;只受不懂施与,钱财再多也会变质。人类的法则不可违拗,自然界的规律也是如此。比如说巴勒斯坦有两个海,一个名叫加里利海,水质清澈洁净,可供人们饮用,鱼儿成群水中嬉戏,生态环境很好,四周是绿色的田野和园圃,许多人在湖边筑屋而居。另一个叫死海,水里不但没有鱼类生存,湖边更是寸草不生,就连周边的空气也让人觉得不舒服,别说有人在附近居住了。有趣的是,这两个海的水源,都是来自同一条河的河水。之所以如此,是因为加里利海既接受了河里的水源,同时又向其他地方流出;而死海只接受不会流出,所以成了没有生气的死水。

乞求名利失于德

QI QIU MING LI SHI YU DE

自古以来,凡摇尾乞怜追逐名利者,一直被视为道德败坏的人。所以,历史上许多名人撰文劝告世人,不要去追逐名利。唐代诗人白居易有“劝君少干名,名为锢身锁;劝君少求利,利为焚身火”的名句。唐代诗人杜牧也有“莫言名与利,名利是身仇”的名言。如何淡泊名利,北宋文学家范仲淹在《岳阳楼记》中有“不以物喜,不以己悲”八个字,可谓是一针见血,字字千金。

尽管都明白追逐名利是件不好的事情, 但由于名与利的诱惑力太大,古往今来为此乞求争夺者屡见不鲜。

春秋时期,齐国有个叫易牙的人是管理齐桓公烹饪的厨师。齐桓公久居宫中,所有的山珍佳肴都吃腻了,于是有一次半开玩笑地对易牙说:“我就是蒸婴儿的肉没有吃过。”易牙为了讨好齐桓公,不惜将自己四岁的儿子蒸了献给齐桓公吃。齐桓公认为易牙对自己忠心耿耿,当即提拔重用易牙,易牙由此一跃为齐桓公身边的宠臣。后来朝中大臣管仲生病,齐桓公前往探望,并问管仲“君将何以教我?”管仲说:“君勿近易牙和竖刁”。齐桓公不以为然道:“易牙烹子飨我,还不能信任吗?”管仲直言道:“人无不爱其子,自己的儿子尚且不爱,焉能爱君。”直到管仲死后,齐桓公都不相信他的话。不久后齐桓公病危,易牙与齐桓公宠妾卫姬的儿子一同作乱,闭塞宫门,断绝他与外界的一切联系,连饭也不叫人送,结果齐桓公被活活饿死在病榻上。

易牙为了博取名利,连自己的儿子都能杀,像这样的人,还有什么样的坏事干不出来呢?如果说“易牙蒸子”的故事无独有偶,那么现实生活中有的人为了升官发财,不惜阿谀逢迎、巨额贿赂、出卖色相,其性质无不与易牙有异曲同工之嫌。如果任用这样的人掌管权力,那么后果就可想而知。

名利场上,之所以有如此大的交易市场,自然与某些官员的贪心有关。若是为人清正廉洁淡泊明志,名利也就失去了市场。东晋诗人陶渊明“不为五斗米折腰”的故事之所以为千古美谈,在于他刚正不阿、藐视权贵的崇高气节。

陶渊明任彭泽县县令时,他的上司派一位官员来彭泽县检查工作。这位官员没别的本事,就会狐假虎威发号施令。一到彭泽县,就派人叫陶渊明去见他。陶渊明尽管很瞧不起这位官员,还是准备前往拜见。他身边的书吏说:“大人,听说参见这个官员要特别注意,衣帽要整齐,态度要谦恭,说话要小心。否则的话，他会很不高兴，在上司面前说你的坏话。”一向正直清高的陶渊明听了书吏的话，索性不去了。他脱下官帽，长叹一声道：“我宁肯饿死，也不能因为五斗米而向这种人折腰。”于是当即写了一封辞职书，离开只当了八十多天县令的县衔，之后再也没有做过官。

陶渊明所处的时代社会动荡不安，官僚相互倾轧，朝代更迭频繁，民众生活十分清苦。像他这样一个才华横溢且颇具正义感的文人，自然不屑于与贪官污吏为伍了。无论是中华历史，还是现代生活之中，正直清廉淡泊名利者大有人在，但不顾人伦为了名利摇尾乞怜者也随处可见。诚于孔子所言：“君子喻以义，小人喻以利。”以国家民族大义为重者，绝不会贪图个人名利；而那些为了个人名利不顾大义者，只能称其为失德小人。

力戒过分要求

LI JIE GUO FEN YAO QIU

人与人之间通过互相帮助，能够搭起友谊的桥梁。帮助有困难的人是一种美德，遇到困难需要他人帮助也在情理之中。但是被帮助方要适可而止懂得满足，若是得寸进尺提出过分的要求，往往会遭人唾弃。

战国时期的齐国大臣孟尝君乐善好施，家养宾客数千人。有个叫冯谖的人家中贫困，听说孟尝君好客，就去见孟尝君，孟尝君二话没说就把他安排在传舍。不久，冯谖嫌饭菜不合口味，边弹边唱道："长铗归来乎，食无鱼。"孟尝君听后，把他安排到幸舍，幸舍要比传舍的生活待遇好。没过多久，冯谖又歌道："长铗归来乎。出无车。"意思是出门没有车。孟尝君听了，又把他安排到代舍，代舍出入有车乘。过了不久，冯谖又弹起铗唱道："长铗归来乎，无以为家。"其他人很讨厌冯谖，认为他不知道满足。但孟尝君还是满足了他的要求，给他家里送去钱粮。后来孟尝君问谁可以去薛邑为他收债，冯谖自告奋勇来到薛邑。冯谖看到薛邑百姓十分贫困，就自作主张将债券全烧了。他回去后将这事告诉了孟尝君，孟尝君也没责怪他。冯谖一而再，再而三地向孟尝君提出过分要求，孟尝君大度地全答应下来。

纵观历史，能有孟尝君这样豁达胸怀的人，并不多见。但像冯谖这样的人，却为数不少。

唐朝玄宗时期有个叫王毛仲的人，本是唐玄宗身边的一个奴才，因为有扶助玄宗登基之功，被玄宗所倚重，封为武卫大将军，进封霍国公，后又加开府仪同三司。朝廷每次设宴时，玄宗都让他与诸王坐在最前排，以示其器重。俩人名为君臣，情同兄弟一般。玄宗一时不见王毛仲，便像是丢了什么东西一样不安。如此好的君臣关系，王毛仲该知足才是。可他偏偏不满足，总认为自己得到的应该更多，累次伸手要官。一次，他向玄宗提出要兼任兵部尚书，欲将兵权掌握在自己手中。对他的这个要求，唐玄宗没有答应他。因为之前有人反映，王毛仲大权在握，势力膨胀，日益骄横，又与皇宫御林军首领葛福顺结为了儿女亲家，如果再让他掌握兵权，那么皇权也要受到威胁了。王毛仲见玄宗不答应自己兼任兵部尚书，不满之心露于形色。玄宗当然看出了王毛仲的心思，心里很不高兴，不免日渐对他疏远起来。后来，王毛仲的妾生下了一个儿子，做“三朝礼”时，玄宗派高力士送去丰厚的金帛、酒馔等物，又赐给他刚出生的儿子为五品官衔。应该说，皇帝亲自派人送上如此厚的大礼，足见其看重了，应磕头谢恩才是。可王毛仲根本不把皇上御赐的东西放在眼里，质问高力士道:“难道我的孩子就不配当三品官吗？”高力士回宫将这话禀报了玄宗，玄宗毕竟不是孟尝君，他很是震怒。心想此患不除，必有祸害。于是没过多久，玄宗下诏贬王毛仲为瀼州别驾，随后在他上任的路上，派人将其勒死。

王毛仲之所以落得这个下场，是贪心太重不知满足的恶果。正如老子所言:“祸莫大于不知足，咎莫大于欲得。”

人生有失才有得

REN SHENG YOU SHI CAI YOU DE

人生得失,变数无常。世上的事情就是这样,或许得到的同时,又会失去些什么。反过来看,失去了,也可能会得到更加珍贵的。

历史上有个“塞翁失马”的成语故事:靠近边塞一带有个叫塞翁的人,他的马跑到了胡人的领地,损失惨重,于是邻居们都来安慰他。塞翁淡然道:“丢了没什么,也可能是福气哩!”几个月后,他家丢掉的马带着胡人的骏马回来了,邻居们听说后,都来恭喜他,可是塞翁却说:“也可能会是祸患啊!”他家养了许多马,他儿子喜欢遛马。有一次,他儿子从马背上摔下来,跌断了大腿骨。邻居都来看望他儿子的伤情,并安慰塞翁不要着急。塞翁笑了笑说:“不要紧,也许是因祸得福哩!”果然不到一年,胡人大举入侵,攻到了边塞。村子里的壮年男子都被征集上前线抵抗入侵者了,几场仗下来,绝大部分人被战死。塞翁的儿子因为残疾没上前线,才保全了性命。

这个成语故事告诉人们:得与失没有绝对的分界线。失去了良马,得到的是更多的骏马;跌断了大腿,得到的是生命的平安!

古往今来,有许多因得而失、因失而得的例子。比如说贪婪得了钱财而失去前程乃至性命,清正有失荣华富贵而得以流芳百世,家中失窃损失财物可取得防盗的经验,遭遇天灾人祸得以防患于未然。很多时候,由失而有所得更加宝贵。

民间有个故事:说的是某国王喜欢打猎,有一次在追捕猎物时,意外弄断了一节食指。国王剧痛之余,担心是个不好的预兆,便招来智慧大臣,征询他对断指的看法。智慧大臣若无其事地说这或许是件好事,请国王放心。而国王认为智慧大臣是在幸灾乐祸,大怒之下命人将他关进大牢。国王待伤口痊愈后,又率人到深山丛林去打猎,不料闯入了野人领地被野人活捉。依照野人的惯例,必须将活捉的这队人马首领献祭给他们的天神。祭奠仪式刚开始,巫师发现国王的手断了一截食指。而他们认为献祭不完整的祭品给天神,是要遭天谴的。于是巫师命人将国王松绑赶下祭台,驱逐离开,又另外绑了一位大臣献祭。国王平安回到朝中,想起智慧大臣的话,立即将他从大牢中放出来,并向他当面道歉。智慧大臣似乎胸有成竹,并说这一切都是好事。国王纳闷道:“你说我断指是件好事,如今我认了。那么我把你关进大牢,也是好事么?”智慧大臣笑着答道:“臣稳坐牢中,当然是件好事。要不是这样,那么陪陛下打猎的臣子或许是我而不是被献祭的那个了,陛下认为不是吗?”

有失才有得是人生的基本定律。在面对得与失之间,不要因为一时之“得”而沾沾自喜得意忘形,也不要因一时之“失”而怨天尤人耿耿于怀。在权衡得与失上,应侧重于理想和道义,也就是通常所说的精神财富。与物质财富相比,精神财富才是永恒的。所以,在得失的抉择上,不要以物质财富作筹码,因为精神财富要比物资财富宝贵得多。

贪小利必吃大亏

TAN XIAO LI BI CHI DA KUI

贪小利者必吃大亏，生活中类似这样的事例并非少见。有句谚语叫“偷鸡不成反蚀把米”，就是形容那些贪图一时小利最终吃大亏的人。

公元前659年的夏天，周代的晋国准备兴兵攻伐虢国。但伐虢必须经过虞国的地盘，如果虞国不让晋国的军队通过，伐虢只是一句空话。这时，晋国大臣荀息向晋献公献计道：“虞国的国君虞公是个鼠目寸光的人，又见钱眼开，如果陛下舍得把国宝送给虞公，他一高兴，定会答应借一条路让我们通过虞国。”荀息所说的国宝，是指晋国马厩中的千里马和国库中的璧，这两样东西是晋献公最珍爱的宝物。于是晋献公对荀息说：“你也知道这两样国宝是我最喜欢的东西。再说了，虞国有宫之奇这样的贤臣辅助，虞公怎么会愚蠢到为了两件宝物而借路给我们呢？”荀息说道：“陛下放心好了，只是暂时把千里马和璧送给虞公，这些国宝早晚都是陛下您的。虽然虞国的宫之奇足智多谋，但他不敢犯上强谏，虞公贪图国宝，绝不会听从他的劝告。”晋献公见荀息说得在理，便依从了他的建议，派人将千里马和璧献给了虞公。虞公见到这两件国宝，大喜过望，毫不犹豫答应借道让晋国的军队通过。宫之奇力劝无果，还被虞公狠狠训斥了一顿。晋军经虞国到达虢国，攻占了虢国的都城。虢军移都到上阳，重新布防与晋军拼死抵抗。晋军知难而退，只得撤回了晋国。四年后，晋国聚集精兵良将，再次向虞国借道进攻虢国。宫之奇力劝虞公道：“虞虢两国相互依存，若是虢国灭亡了，我们虞国也会危险了。所谓的辅车相依、唇亡齿寒，就是这个道理。这次晋国借道万不能答应，还请陛下三思而后行。”虞公一听，厉声斥责道：“晋国与我是同宗（同为姬姓），决不会害我。”宫之奇见事情无法挽回，知虞国不久将大祸临头，于是回到家中对众人说：“晋国此次出兵势必灭虢，回国途中一定不会放过我们虞国的，大家赶紧逃命去吧！”于是带领族人逃离了虞国。同年八月，晋军一举攻克了虢国的上阳，消灭了虢国。班师途中，晋军见虞国毫无防备，便顺手灭亡了虞国，虞公成了晋国的俘虏，那千里马和璧正如荀息预言的那样，重新回到了晋献公手中。虞公因贪图小利，最终把虞国葬送掉了。

贪小利之所以必吃大亏，不外乎是见利忘义乱了心智。但凡想成大事者，不必贪图眼前小利。

战国时期，鬼谷子门下的苏秦和张仪，是很要好的朋友。苏秦出道较早，已是功成名就。而张仪郁郁不得志，还是一介布衣。张仪看到好朋友苏秦已成大事,便想投其门下,期望有个晋升的机会。当他来到苏秦官邸时,一连几天,苏秦都没与他见面,只有家仆安排他的吃住。好不容易等到苏秦与他见面,苏秦不但对他很冷淡,还拿话语讥讽他:"以你的才干,怎么会沦落到如此地步呢?你我虽是好朋友,可我实在没有法子帮你,你还是靠自己吧!"张仪本以为苏秦会对自己热情款待帮助的,没想到不但不帮忙,还拿言语羞辱自己。于是一气之下离开了苏府,决心要凭着自己的才干,与苏秦一争高下。张仪走后,苏秦暗中派人资助张仪,并为他到秦国的游说创造有利条件。当时有的门人不理解,问苏秦为什么不收留他。苏秦说:"张仪的才干在我之上,我若收留他,担心他会贪图一时的小利而安于现状。我非但不留他还要羞辱他,是为了激起他的上进心。"

后来,张仪终于成就了自己,成为战国时期著名的纵横家、外交家和谋略家。不能不说,张仪的成功,与苏秦的激将法有莫大的关系。很多时候,在安逸的舒适环境中,人往往容易滋生惰性而安于现状。更甚者,为贪图小利置道义而不顾,正所谓利欲熏心,见义忘义,最终作茧自缚。

从前,楚地有个人非常贪心,总想一夜暴富,又不愿意踏实肯干的人。为了实现暴富的梦想,他借了很多歪门邪道的书回来研究,想从中找到暴富的窍门,却总是不得其法。一天,他无意中发现书上有这么一句话,说是人如果能得到螳螂捕蝉时用来隐蔽自己的那片树叶,便可隐形。这人恍然大悟,扔下书本急急忙忙到树林中去找那片树叶。经过几天的寻找,他终于发现一片树叶的后面,潜藏着一只螳螂,正准备扑向前面的蝉。这人兴奋极了,忙爬到树上摘下了那片树叶。他如获至宝地将树叶捧到手心里,心想这下可以隐身了。正洋洋得意之时,不料吹来一阵大风,将他手中的树叶吹到了地上。地上已积聚了一层厚厚的树叶,他无法确定刚才是哪片树叶,于是只好把地上的树叶全部拿回家。回家后,他急不可耐叫来妻子,一片一片树叶进行检验。每拿起一片树叶问妻子看到自己没有,他妻子说看到了。这样反反复复拿起一片问一遍,问了数百遍。一直到深夜,他妻子有些厌烦了,加上睡意来袭,便随口答道:"看不见了"。这人以为找到了那片隐身叶,立时心花怒放起来。他小心翼翼将树叶藏到贴心口袋里,得意地对妻子说:"你等着过好日子吧,我们家要发大财了。"他妻子只当他是说胡话,也没搭理他。第二天一早,这人急呼呼来到了集市上。他走进一家店铺,用树叶遮住脸,伸手到货柜去拿一件贵重的发饰,想以此向妻子证明自己没有说谎。店铺的伙计先是吃惊地盯着他,当那人拿着发饰旁若无人地往外走时,店铺伙计上前一把抓住他,大叫着"抓强盗"。还没等这人明白过来,已被数人按倒在地,被扭送到了县衙,因抢劫罪被关进了大牢。

这虽然是个民间故事,然从中说明了一点:要致富得靠勤劳的双手,若是依靠邪门歪道贪图小利,到头来必吃大亏。

无须计较愚顽之人

WU XU JI JIAO YU WAN ZHI REN

什么人是愚顽之人?顾名思义,是指既愚蠢又顽固不化之人。相传古时的楚地有这样一个故事:

在一个人烟稠密的大集市,众目睽睽之下,有个人试图从金店的柜台上拿走一锭金。被捉住押送到县衙后,县官问他:"你如此胆大妄为,敢在大庭广众之下抢劫金店,你可知罪?"这人却振振有词地说:"我到了金店,只见金子不见一个人啊!"事实上,当时金店有许多人,只不过他眼中只有金子,而看不见有人了。这个故事与成语"掩耳盗铃"异曲同工。所以说,愚顽之人往往是那些自以为是、自作聪明的人。

生活中不乏自以为是、自作聪明的人,这种人往往认为自己比别人聪明，于是想方设法算计别人，其结果是聪明反被聪明误。有这么个寓言故事：

一头驴子替主人驼着一袋盐去集上，过河时不小心脚一滑，盐掉到了水里。由于盐被水浸泡溶化，驴子顿感背上轻松了许多，很是高兴。过了几天，主人又让驴子驮着一捆海绵去赶集，尽管海绵很轻，驴子还是嫌重，于是过河时故意将海绵浸入水中。殊不知海绵经水一泡，沉重了许多，驴子叫苦不迭。

这个故事告诉我们：人难保不犯错误，但同样的错误犯两次，就是愚蠢了，自作聪明的人往往是最愚蠢的人。很多时候，人们喜欢吹捧自己聪明能干，不愿承认自己的不足，明明是自己的问题，却想方设法往别人头上推脱。

比如说某地因环境污染，人们都得了大脖子病，时间一久，竟习以为常了。一天，有个人从他们那路过，当地人们竟然像看稀奇一样对路人说："你的脖子又细又长，一定是生病了。"路人说："不是我有病，是你们生病了。"当地人反唇相讥道："我们的脖子都是这样的，你才有病啊！"路人苦笑，无言以对。

从这个典故中可以看出：愚顽就像病魔一样，不但害了自己，也会扭曲人的是非观。

人上一百，形形色色，就如林子大了，什么鸟都有一样。人生在世，无须去要求别人怎么样,重要的是要把握住自己,力戒自以为是的毛病。做人要学会“弹钢琴”,居高不下会显得枯燥乏味,张弛有度才能弹奏出美妙的音色。生活中,各有各的活法,面对各种各样的愚顽之人,无须去计较。计较的越多,失去的也就越多。人生好比是一场马拉松赛,胜利者属于那些不骄不躁坚持到最后的人。别人怎么说不可怕,可怕的是瞻前顾后没有目标的人。有了目标和蓝图,就会有信心和动力,才能活出真实的自我。只要自己随时保持一颗睿智平和的心态,遇事善于隐忍,就能达到人生的至高境界。

第九章 怨天尤人其害无穷

老天爷对谁都是公平的，人生的变故，家境的不顺，不是老天爷作怪，也不是旁人的刁难，而是自身出现了问题。或做人不周，或欲壑难填。人不可能一条顺境走到底，生活中遇到了困难和挫折，只要找出根源奋发努力，便可化逆境为顺境。若置身于困境之中怨天尤人，必将永无出头之日。

不平也要慎鸣

BU PING YE YAO SHEN MING

唐代文学家韩愈在《送孟东野序》一文说："大凡物不得其平则鸣：草木之无声，风挠之鸣。水之无声，风荡之鸣。其跃也，或激之；其趋也，或梗之；其沸也，或炙之。金石之无声，或击之鸣。人之于言也亦然，有不得已者而后言。其歌也有思，其哭也有怀，凡出乎口而为声者，其皆有弗平者乎！"由此可见，不平则鸣，是事物的本性，也是人的本性。但尽管如此，遇到不平之事，不可随性为之，要懂得慎鸣！

《水浒传》中有个"鲁提辖拳打镇关西"的故事，充分展示了鲁智深路见不平拔刀相助的豪爽性格。镇关西强抢民女胡作非为，理应受到法律的制裁。然封建社会的制度使然，很多时候是好人受气坏人神气。鲁智深听说此事后，怒不可遏将镇关西打死，结果摊上了命案，最终被逼上梁山。且不说是否实有其人和事，小说中的这一情节至少反映了封建社会的痼疾。倘若鲁智深不严惩不法之徒,镇关西或许会逍遥法外变本加厉。尽管镇关西该死,身为提辖的鲁智深怒气之中私自将人打死,是不可取的。倘若他只是教训一下镇关西,就没有后来的“灾祸”。有道是性格决定命运,很多时候遇到不平之事不懂得控制情绪,往往会铸成大错。

现实生活中,不平之事随时都有可能发生。这时候,无论出于什么目的都要冷静下来,不该鸣的时候要控制住自己,以防事态扩张。

某地有个叫麻生的人,为人极是善良,平时遇事也从不与人计较长短。一天,邻居建房霸占了他家的一小块地皮,麻生生性木讷,争吵了几句也就算了,麻生的弟弟谷生可不是那么好说话的。他挺身而出为哥哥打抱不平,先是与对方争吵,最后发展到拳脚相加。谷生仗着有些武功,没几下将对方打翻在地。这样似乎觉得还不解气,顺手捡起一块砖头往对方头上猛砸过去,对方即时被打得头破血流,在送往医院途中不治身亡。

谷生也因此被刑事拘留,承担应负的法律责任。这本来是一起可以通过协商解决的民事纠纷,最终却发展成为一起命案。打死人要偿命,是人人都明白的道理。可有时候,有的人为了一点可怜的同情心,明知不可为而为之,最终酿成千古恨。且不说命案,即便是说话,也要懂得注意分寸。祸从口出,话语过度往往伤人于无形,甚至比拳脚更让人难以接受,以至于招祸上身。所以,无论是事关自己还是他人,都不宜逞口舌之能,更不宜强出头。常言道吃亏即是福,别为了一时的口舌之快而留下终生的遗憾。

怔，仔细一想，不由幡然醒悟。的确，这一路上背负那么沉重的金银珠宝，不但累得腰酸背痛，更是提心吊胆。晚上住店怕被偷走，白天上路又担心遇上强盗落得人财两空，真可谓是战战兢兢如履薄冰。这样一来，哪里有丝毫的快乐可言呢！

其实，现实生活中，我们不快乐的原因与那个商人有许多相似之处。比如患得患失，利欲熏心，身在富中不知富，其结果是活在永不知足的阴影中，无异于作茧自缚，哪里有什么幸福快乐可言？

幸福是什么？说穿了就是简单二字。思想纯洁，生活简单，没有私欲，善于隐忍，什么都能放得下，自然也就容易满足和快乐，懂得满足便能获得心灵的愉悦和幸福感。人生在世几十年，图的什么？不外乎是活得开心和快乐。因为：无论是有钱有势的达官贵人还是普通老百姓，当离开这个世界的时候，终究是两手空空，什么也带不走！

不要偏信谗言

BU YAO PIAN XIN CHAN YAN

谗言往往带有功利色彩，而善于编造谗言的人，往往是那些心怀不轨的小人。自古以来，陷害他人没有比谗言更厉害的了。

春秋时期，吴国的太宰嚭与伍子胥不和，于是想方设法欲陷害伍子胥。一天，太宰嚭对吴王夫差说："伍子胥为人刚暴、少恩、猜忌心重，留他在大王身边是个祸害。前日大王要讨伐齐国，伍子胥以为不可，结果伐齐有大功。作为大夫的伍子胥不但不出谋划策，反而阻拦大王，可谓是居心不良。如今大王又复伐齐，伍子胥又来强谏，所言完全是别有用心。况他又托病不行，分明是心怀鬼胎，大王不可不防备。微臣已查实伍子胥儿媳是齐人鲍氏之女，伍子胥身为我吴国人臣，内不得意，外倚诸侯。他自以为是先王的谋臣，未能得到大王的重用，常怀怨恨在心。对这样一个有谋反之心的人，还请大王早图打算。”吴王夫差一听，点头道：“你所说的，本王早有怀疑，果然如此。”于是当即赐伍子胥属镂剑自刎。伍子胥接到命其自刎的剑后，仰天长叹道：“谗臣太宰嚭扰乱朝纲，我竭尽全力辅助吴王，想不到吴王反而要诛杀我。当初我辅助先王成就霸业，立太子时，诸公子明争暗斗争夺太子之位。我冒死保夫差，当初夫差说若他被立为太子，要与我平分江山，我并不敢有如此之望，只管尽一个臣子的本分。如今大王是非不分、听信谀臣之谗言赐杀老夫。”说完，嘱咐妻子道：“我死后，在我坟墓旁栽满梓树，等它们长大后做成棺材，吴国灭亡后用来安葬死难战士的英灵；再挖出我的眼珠悬挂于吴国都城的东门之上，让我亲眼看到越国灭掉吴国。”说罢举剑自刎而亡。这话被吴王夫差知道后，盛怒之下命人将伍子胥的尸体挖出来，放到马皮做的筏子上浮于江中。吴国民众怀念伍子胥的功德，便在江边的山上建起了一座祠堂以示纪念，因而这座山也被称为胥山。数年后，正如伍子胥所预料的那样，吴国被越国所灭，吴王夫差向越王勾践求和未成，只得自杀。自杀前，他以袂掩面，后悔不迭泪流满面道：“我有何面目去见子胥啊！”

历史上，像这类偏信谗言误国的例子屡见不鲜。偏信谗言不但误国，也会给家庭带来祸害。

从前有一对兄弟，父母早亡，兄弟俩相依为命。虽家道贫寒，然感情很好。为了维持生计，哥哥带着弟弟每天上山挖山芋充饥。每餐吃山芋时，哥哥都要把山芋尾端让给弟弟吃，自己吃山芋的头。起初弟弟有些疑惑，问哥哥怎么老要吃山芋头，哥哥关切地说：“山芋头不好吃，你还小，应该吃山芋尾。"弟弟见说,对哥哥更加尊敬。村子里有个心肠歹毒的人,见他们兄弟关系很好,便从中挑拨他们的关系。一次,他暗中对弟弟说:"你哥哥说得好听,其实对你很不好。山芋头要比尾好吃,却哄骗你说尾好吃。这样的哥哥还要什么?下次你跟他上山挖山芋,干脆把他推下山崖算了,免得你老是受他欺骗。"弟弟一听,信以为真,对哥哥恨得咬牙切齿起来。一天上山挖山芋的时候,弟弟想起那人的话,不由气冲牛斗起来,趁哥哥没注意,顺手将哥哥推下了山崖。弟弟把哥哥挖好的山芋拿回家,煮熟后高兴地吃起来。他想从此可以吃到山芋头了。当他将山芋头塞进嘴里时,才发现山芋头又涩又硬,难以下咽。此时的弟弟知道听信谗言错怪了哥哥,后悔之下赶忙来到山崖下寻找哥哥,而他哥哥已经死了。弟弟悔之莫及,只得在山上哭得昏天黑地,嘶哑地叫着"哥啊哥啊"!

这虽然是个流传民间的故事,但现实生活中,确有不少因偏信谗言招致祸端的事情发生。要知道,总有那么些人为了一己之利,混淆是非浑水摸鱼。所以说,无论是面对他人的挑拨离间,还是悦耳动听的甜言蜜语,都要保持一颗清醒的头脑,细心检验一下真伪,才不致上当受骗,中了小人的圈套。

不为无益之事

BU WEI WU YI ZHI SHI

“不作无补之功,不为无益之事”一语出自《管子·禁藏》中的名句。意思是说:不要作徒劳无功的事情,也不要去为无益之事瞎忙。

什么是无益之事?历史上有这么一个故事:

明代末期熹宗皇帝朱由校作为一国之君,本应一心一意治理国政,可他丢下国家大事不管,一心一意沉溺于木工活。他雕刻的各类玩具,可以说栩栩如生,称得上是珍品。如果是一个雕刻师,固然令人欣赏,可作为一个至高无上的皇帝迷醉于此,便是不务正业因小失大了。也正是由于他的无益之举而疏于政事,加速了明朝灭亡的步伐。朱由校死后,崇祯帝朱由检继承大统。虽然朱由检勤于政事力挽危局,奈无回天之力,没能逃脱灭亡的命运。朱由校沉醉个人爱好而置江山社稷于不顾,无异于因无益之事而贪小失大。

历史上,贪小失大的例子比比皆是。

春秋时期,有个叫仇由国的山区小国,交通十分不便,国内只有几条弯弯曲曲的小路通向国外。紧靠仇由国的晋国是个大国,早有吞并仇由国的野心,只因仇由国山路崎岖狭窄易守难攻,军队难以进去。于是晋国大臣智伯根据仇由国君贪图小利的毛病想出了一条妙计,他让人制造了一口很大的钟,派人告诉仇由国国君说:"为了加强与贵国的关系,我国送给大王一口大钟,怎么运送,请准备迎接。"仇由国君一听,很是高兴,下令军民凿山修路迎接大钟。仇由国有个叫赤章曼枝的谋臣听说后,劝阻国君道:"这条路不能修。大王想一想,之所以现在许多小国都被大国吞并而我国还存在,不是大国怕我们,而是我国地理环境得天独厚,得益于道路狭窄关隘险峻,可谓是一夫当关万兵难攻。若是与晋国修通大路,等于是为晋国入侵铺平了道路。一口钟事小,亡国事大,还请大王三思。"此时的仇由国君心中只有那口巨大的钟,哪还听得进智伯的话?训斥道:"你也太少见多怪了吧!我们不花一分钱得此大钟,怎么能说是小事呢?何况晋国这样一个大国能主动送我们钟,说明他们是诚心与我国建立友好关系,又怎么会侵略我们呢?"赤章曼枝仍然坚持说:"晋国早就对我国虎视眈眈欲要消灭我国,之所以没出兵,是因为晋军无法进来。依臣之见,他们送钟是假,吞并我国是真。他们前脚给我们送来大钟,后脚就有大军入境。那样的话,他们不费吹灰之力就可以将我国消灭了。"仇由国君一听,更是非常生气,下令将赤章曼枝赶出了宫廷。不久,正如赤章曼枝所说的那样,仇由国君迎接大钟到来之日，即是仇由国丧钟敲响之时。

不为无益之事，何以遣有涯之生。无益之事既败人心志，又能给人带来灾祸。有道是在商言商，在农事农，在政言政。无论从事什么行业，唯干一行爱一行才能事有所成。如果摒弃这个主题迷醉其他无聊之事，只会是不务正业得不偿失。

民间有这么个故事：有个叫阿牛的人家道贫寒，为了赚些钱养家糊口，便养了一头母牛，每天早晚牵到山上去吃草，希望母牛能早点生下一头小牛，那样的话可以卖个好价钱。一天下午放牛时，他偶然发现一只兔子从眼前窜过，心想如能抓到兔子，也可拿回家饱餐一顿。想到这也顾不得牛了，便追着兔子往深山跑去。追呀追呀，一直追过了几座山，兔子不见了，天也渐渐暗了下来。当阿牛沮丧地返回原来放牛的地方时，却不见了牛的踪迹。他摸黑去找牛，深一脚浅一脚找到半夜，听到前面的山谷里有狼吠声，便悄悄走近一看，凭借微弱的月光，发现有两头饿狼正在撕咬一头猎物，并不时有牛低沉的惨吼声。阿牛立时明白牛被狼攻击了，气急交加但又知无法单人向前赶跑狼。于是，忙返转家叫来几个邻居帮忙，然此时地上只剩下了牛头和一堆白骨。阿牛后悔极了，被邻居劝说才泪流满面回到家中。

很多时候，人们往往容易贪图蝇头小利而忘了正事，最终只能是追悔莫及。

做人不要太苛刻

ZUO REN BU YAO TAI KE KE

什么是苛刻？就是待人吹毛求疵，容己不容人；遇事求全责备，喜欢鸡蛋里挑骨头。俗话说金无足赤，人无完人。待人也好，遇事也罢，要善于宽宏大度换位思考。若是过于苛刻，终成孤家寡人。

西汉景帝时期的宁成官至中尉，负责都城治安之职。宁成不仅贪婪且为人十分苛刻，倚仗其大权为非作歹，完全不顾别人的死活。不仅老百姓对他又怕又恨，连皇亲国戚和一些大臣也怨声载道，于是联名参奏他的种种劣迹。汉景帝知众怒难平，便下诏对其实施"髡钳"，即是剃去头发用铁制刑具锁住脖子、服劳役五年的刑罚。素以自负残暴著称的宁成自知仕途从此破灭，便趁看守不注意时砸开刑具越狱逃跑。适逢景帝大赦天下，也就没人再追究宁成的罪责。几年之中，宁成依靠其强取豪夺之本性，成了一方富翁。汉景帝闻讯后，不由思念起这个酷吏来。虽然宁成的手段有些过激，但毕竟为自己清除了一些政敌，于是有心要启用宁成。御史大夫公孙弘劝谏道："我昔日在山东为官时，宁成任济南都尉。

当地老百姓对他又怕又恨，形容他治民就像用狼来放羊一样，请皇上不宜再启用宁成这种人治理政事。"之后，义纵从河内调任南阳太守。家居南阳的宁成听说义纵出任本地的行政长官，欲想靠上这棵大树，为重返仕途赢得先机。于是数次拜见义纵，以厚礼相送。哪知义纵是个清官，早知宁成的为人，根本不吃他这一套，对宁成严加呵斥。后来，当义纵掌握了宁成的确凿罪证后，当即绳之以法毫不留情。宁成这个残暴苛刻的酷吏，终于落得个应得的下场。

俗话说水至清则无鱼，人至察则无徒。为人过于苛刻，不但得不到人的尊重，还会使人产生逆反心理而招致祸端。

北宋真宗时期，寇准的门生丁谓对寇准十分尊敬。一次国宴上，见寇准胡须上沾有汤汁，丁谓居然以袖为寇准擦掉胡须上的汤汁。寇准十分反感，当着众大臣的面斥责丁谓"溜须"。丁谓本想以此讨好老师，没想到老师毫不留情会让他当面出丑，故由此对寇准怀恨在心。从此之后，丁谓不再尊重寇准了，什么事都与他对着干。丁谓这人本就工于心计，善于结党营私，刚正无私的寇准哪是他的对手。没几年，在丁谓一伙同党的诬陷下，被罢去宰相之职，逐出京城，贬为相州知州。后来丁谓位居宰相，手握生杀大权，仍不放过寇准的当年之辱。在丁谓接二连三的陷构下，寇准最终含冤而死。当然，丁谓这个大奸臣最终也是不得善终。

从历史的角度来看，尽管隐忍迁就不是寇准的性格，若是注意策略不当面羞辱丁谓，或许寇准不会落得这个惨局。所以说，有时候做人要学会隐忍，斗争要讲究策略，不可随性而为。若图一时口快说话不留余地而得罪了人，对方若是君子问题不大；若是小人，背后耍诡计使绊子令你防不胜防，可就要吃大亏了。

克制报复心理

KE ZHI BAO FU XIN LI

报复心理源于一个人对另一个人或组织的侵害而产生的挟私泄愤情绪，一旦付诸行动，其后果难以想象。不得不说，每个人当遇到有损自己利益的事情或受到对方打击时，或多或少会萌生一种报复心理。不同的是有的人能冷静克制不良情绪，主动化解报复心理；而有的人则是针尖对麦芒，非要弄个鱼死网破不可。

明代白话小说《警世通言》中有个“王娇鸾百年长恨”的故事，在由爱生恨报复负心汉方面很有现实性。

王娇鸾为河南南阳卫千户之女，幼通史书，举笔能文。因其父年老力衰，公文笔札全靠她帮助整理。一日，王娇鸾偶遇吴江县书生周廷章，两人一见如故，彼此倾心。当周廷章到王府求婚遭到拒绝后，两人背着父母写下婚书誓约，私订终身。然不久之后周廷章回到老家时，其父为他做主订了门婚事。周廷章得知女方魏家十分富有，且魏女有绝色之貌时，忘却了与王娇鸾已私订终身的誓约，欣然将魏女娶进门，完全忘记了王娇鸾。王娇鸾与周廷章一别后，见周廷章久不归来，十分想念遂相思成疾。于是写了封书信派人送给周廷章。已沉醉在温柔乡的周廷章见到王娇鸾的书信，立时翻脸无情，将定情之物和同婚文书一并退还。王娇鸾见此情景，悲愤交加，写下了三十二首绝命诗和《长恨歌》一篇，描述了她与周廷章相爱和被遗弃的悲愤之情，并将这些绝命诗和《长恨歌》封在了送往吴江县的官文内，然后自缢身亡。吴江县尹在阅看公文时发现了王娇鸾的诗文和《长恨歌》，为王娇鸾的遭遇所震撼，对负心汉周廷章深恶痛绝。于是命人将周廷章传唤到堂，以逼死人命为由，将其乱棍打死。

在那个封建传统意识较强的年代，虽然说周廷章的结局大快人心，然王娇鸾因爱生恨的报复心理，时至今日仍是一个不得忘怀的惨痛教训。婚姻纠葛如此，其他民事纠纷也是如此。

某地农村有个叫王生（化名）的人，在屋后的山地上圈养了一群鸡，本想以此发家致富。可没想到的是，鸡还没长大，突然一夜之间死去了大半。王生望着一地的死鸡，气急交加又欲哭无泪。他怀疑这是有人下药毒死了他的鸡，仔细一想，除了隔壁的张姓人家，别无他人。因为前几天为争抢稻田放水，他与张姓人家吵了一架。当时他一时手重，将张姓人家推到了泥水中，张姓人家爬上岸后曾发誓要报复于他。听话听音，除了他，还能有别的人吗？如是便断定这是张姓人家在报复自己。想到这里，他摩拳擦掌要去找张姓人家理论，但走了两步又停了下来：捉贼要捉赃，如果张姓人家死不承认，岂不是反而占了下风么！这一晚，他躺在床上辗转反侧，越想越生气，越气越憋得难受，半夜时分，他作出了一个“破釜沉舟”的决定，心想：我不找他赔鸡，他也休想有好日子过。于是提上一瓶农药，摸到张姓人家的鱼塘，将整瓶农药倒在了鱼塘里。第二天一早，只听张姓人家在破口大骂是谁毒死了他的一塘鱼。闭门不出的王生透过窗户往外一看，整塘的鱼肚密密麻麻，俨然盖上了一层白布。王生得意地一笑，心中仿佛出了一口恶气。然而这天下午，公安人员找到王生，说全村人都要提取指纹，王生想拒绝也没理由。很快，经过与被扔在塘里的农药瓶上的指纹逐一进行比对，锁定王生是鱼塘投毒嫌疑人。王生自知抵赖不过，说是张姓人家首先毒死了他家的鸡。公安人员便请来畜医对他的死鸡进行检验，发现他家的鸡并非是被毒死，而是鸡瘟病所致。此时的王生悔之晚矣，不但要悉数赔偿鱼塘的损失，还得品尝被治安拘留的滋味。

大凡挟私报复他人的人，最终受害的还是自己。人生在世，幸与不幸，每天都要面对许多事情。不管什么时候，忍一时方风平浪静，退一步海阔天空。做人别计较太多，无论遇到什么挫折，都要强迫自己冷静下来，积极寻求稳妥的解决方法。不宜主观冲动，更不要产生报复心理。唯有这样，生活才能相安无事。

第十章 守住心灵的一方净土

我们生活在这个纷繁喧嚣的世界，处于复杂多变的人际交往中，多少会令我们疲惫不堪甚至迷失自我。这时候我们可以给自己设定一个休憩放松的港湾，称之为心灵的净土。当我们的心灵感到难以承受生活的压力时，不妨关门闭窗，定下心来安安静静给自己一个放松的机会。这里没有纷争没人打扰，只有自己与自己交流。这时候的你会最清醒也更理智。长此以往，你或许能清醒地重新审视自己，制定下一个更适合你的人生目标。

锤炼松柏般的特立气质

CHUI LIAN SONG BAI BAN DE TE LI QI ZHI

唐朝武宗时期宰相李德裕曾说过这样一句名言:“正人如松柏,特立不倚;邪人如藤萝,非附他物不能自起。”李德裕以物喻人,可谓生动贴切入木三分。

“冰霜正惨凄,终岁常端正”,松柏巍然挺拔四季常青,任凭风吹雨打,仍不偏不倚孤独傲立。只有那些藤萝杂枝为了出头露面,唯依附其他物体往上生长。现实生活中,忠良之士有如松柏般的坚强气质,正气凛然无私无畏。既不会为五斗米折腰,也不会丧失做人的气节而卑弓屈膝。与之相反的那些伪君子,为了个人利益最大化,不惜投机钻营攀龙附凤。

北宋真宗时期,丁谓依靠其攀龙附凤的伎俩爬上了高位。当时朝中有个叫李垂的馆阁校理,正直无私且学问极高,他很反感官场上趋炎附势之风。当时不少人纷纷去巴结丁谓,可是李垂不为所动。他认为:丁谓身居相位,不秉公执法振兴朝纲,反而拉帮结派排除异己,实负天子重托百姓所望,这种奸诈之人躲都来不及,为何还要去讨好于他呢?他的这些想法被人添油加醋报告给了丁谓,丁谓气愤之下,找了个借口将李垂逐出京城贬往外地为官。宋仁宗即位后,丁谓被罢相贬出京城,吕夷简被仁宗任命为新宰相。曾被丁谓诬陷遭贬的官员都重新被朝廷召回,李垂也回到京城掌管朝廷内命和典司诏制。这时候,与李垂关系好的同僚李康伯劝说李垂道;"你回京城也有些日子了,能被召回朝廷官升一级,完全是皇恩浩荡和新宰相对你的重用。你虽然文才著称天下,新宰相能否认识你还不一定。你何不放下清高,去相府拜见一下宰相?"李垂鄙夷一笑道:"我若是昔日拜谒讨好于丁谓,早已是翰林学士了!如今年岁已大,见到大臣们办事不公,常常不留面子当面斥之。我做好自己的事情就行了,为何要去趋炎附势来博取他们向皇上推荐我呢?这是我绝对做不到的,也许这就是我的命吧!"他的这些话传到了吕夷简耳朵里,尽管吕夷简是一代贤相,也容不下李垂对他的藐视。后来,李垂被重新遣出京。尽管如此,李垂仍无怨无悔,直到在任上病逝。也正是他的这种松柏般宁折不弯的特立气质,他的事迹才得以流传千古,被人们所称颂。丁谓一类的天下奸邪,则始终受到人们的唾骂!

松柏般的特立气质,是无畏精神和豁达大度的有机结合,光凭"宁折不弯"尚嫌不够,还要有不拘小节的胸襟。比如说李康伯劝说李垂拜望吕夷简,作为下属出于礼节去拜访认识一下新宰相未尝不可,也是情理之中的事情。只要不是曲意逢迎,并不影响自己清正无私的秉性。特立气质不是独行侠式的孤家寡人不近人情，而是一种综合素养和气度，包括知书达理，正直善良，豁达大度，宁折不弯，不媚俗不阿谀等等。从大处看：古往今来，不少忠良爱国之士“宁肯站着死，不可跪着生”，他们之所以能为了国家和民族利益置生死于不顾，除了满腔热血外，必有松柏般无畏豁达的超凡气质。从小处说，具备松柏般特立气质的人，不但威信高处处受人尊敬和爱戴，也更容易成就自己。如何锤炼松柏般的特立气质，主要取决于各人的思想修养，必要的前提是：无论是干事业还是为人处世，都要满怀一腔热血和凛然正气。困难面前不低头，挫折面前不气馁。宁为顶天立地的松柏，也不做依附大树往上爬的藤萝。

学会急流勇退
XUE HUI JI LIU YONG TUI

历史上，大凡功成名就懂得隐身而退的人，可保福禄长久。否则一味贪图权势富贵，必盛极而衰。西汉有个“二疏辞官”的故事，堪称急流勇退的典范。

汉宣帝时期有个叫疏广的学者，因博学多才备受人们推崇。在踏上仕途之前，疏广在家中开馆授徒，不少人慕名从很远的地方赶来，投到他的帐下求学。随着名气的增大，消息传到了汉宣帝耳中。汉宣帝求贤若渴，将疏广征召进京，委以博士、太中大夫之职。几年后，汉宣帝册立皇太子，见疏广不但学识渊博，人品也好，就任命他担任太子太傅，指导太子的学业。这时，汉宣帝又得知疏广的侄子疏受也是个很有才华学识的人，便下诏疏受进京担任太子家令。不久，汉宣帝见疏受举止得体行为端正，很是喜欢，升他为太子少傅，与其叔疏广共同辅佐太子。“二疏”不负重托，兢兢业业教授太子读书。太子在他俩的精心教导下，不但学业大有长进，品行也日显端庄。这样一来，“二疏”成了朝中德高望重的大臣。当时，太子的外公许伯在朝中很有权势，心想太子是自己的外孙，也是未来的皇帝，培养他的功劳不能全让外人抢了去，于是对汉宣帝说：“太子年纪尚幼，虽有‘二疏’教他读书，安全问题堪忧。臣想推荐我弟弟中郎将许舜去太子宫中对太子的安全进行监护，不知皇上以为可否。”汉宣帝一听岳父大人发了话，一时拿不定主意，便征求疏广的意见。疏广说：“太子所交往的人物必须是天下的俊杰，这样才能学到治理天下的本领。如果让外祖父家的人对他进行监护，势必影响太子接近天下豪杰的机会，不利于太子的成长。所以臣认为不必另行派人进行监护。”一旁的丞相听了，附和道：“疏广所言确有道理，还请陛下三思！”汉宣帝知许伯的用心，听丞相也赞同疏广的意见，便没有接受许伯的建议。从此以后，对敢于直言的疏广更加器重，时常加以赏赐。这样又过去了五年，太子已十二岁了，对《论语》《孝经》等经典著作通晓于心。这时的疏广觉得该急流勇退了，于是对疏受说：“人生知足才不会遭受屈辱，适可而止就不会遇到危险。现在太子已经长大，该教的东西我们已经教了，我们应当辞官告老还乡，以终天年。倘若继续留在宫中，将有可能卷入宫中的争斗，到那时就悔之晚矣。”疏受觉得叔叔说的极是，于是叔侄二人处处装出年老体衰力不从心的样子。几个月后，向汉宣帝递上了辞官返乡的辞呈。汉宣帝见他们俩确已年老，便依折准奏。“二疏”离京回乡的那天，众多官员依依送别。大家无不赞叹这叔侄二人忠勇可嘉，是当世不可多得的贤人！

像“二疏”这样懂得急流勇退的人毕竟不多,秦朝的蒙恬便是一例。

秦国兼并天下后,蒙恬率三十万秦军北击匈奴,大获全胜,有力地遏制了匈奴的南进,由此秦始皇非常器重蒙恬,并且将蒙恬的弟弟蒙毅封为上卿。蒙恬担任外事,蒙毅负责内谋,当时二人号称“忠信”。每逢秦始皇外出巡视,蒙氏兄弟俩与秦始皇同乘一顶轿子。朝堂上,兄弟俩则侍从在秦始皇的跟前。朝中其他的诸位将相,谁也不敢与蒙氏兄弟争锋。也正因为如此,蒙氏兄弟难免不会得罪朝中的小人。蒙毅执法严明,从不偏袒权贵。一次,内侍赵高犯有大罪,蒙毅依法将其判处死刑,除去他的官职。秦始皇考虑到政治需要,赦免了赵高的死罪。从此以后,蒙氏兄弟成了赵高的心腹之患。公元210年,秦始皇游会稽途中病死于沙丘。赵高担心扶苏继位会重用蒙氏兄弟,便封锁死讯,与胡亥密谋篡夺帝位。与此同时,赵高又威胁利诱,迫使李斯与他合谋捏造假遗诏,这份假遗诏指责扶苏在外不能立功,反而怨恨父皇等种种莫须有罪名,以此为由赐公子扶苏和蒙恬自缢。扶苏当即自杀,蒙恬陈诉冤情,请求复审。胡亥自然明白蒙恬是个忠臣,本想释放于他,然赵高深恐蒙氏兄弟再次受宠,对己不利,执意要严惩蒙氏兄弟。为了达到这个目的,他指使其死党散布在立太子的问题上,蒙氏兄弟曾在始皇面前多次毁谤胡亥,说胡亥的坏话。胡亥听了,气从心起,于是下令囚禁并杀死蒙毅,又派使者去阳周杀蒙恬。使者对蒙恬说:“因你罪过太多,皇上命我来杀你。”蒙恬说:“自我先人到我,为秦国出生入死已有三代。我统领三十万大军,如果想背叛朝廷,凭我的势力足以成功。可我一直效忠于朝廷,不敢忘记先皇的恩情,何罪之有?”使者说:“我只是身负诏命不得不为之,将军的功劳在下自然明白,可将军的话我不敢传报陛下。”蒙恬仰天长叹道:“我领兵击退匈奴,起临洮至辽东筑长城,挖沟渠一万余里,这其间不可能没挖断地脉,这便是我的罪过啊!”于是含恨服毒自杀。这对昔日的忠信兄弟,就这样被冤死。

且不论古人的对与错,物极必反盛极必衰,是自然界的基本法则,也是做人的大学问。急流勇退不是明哲保身逃避现实,而是休养生息保全自己最为有效的方法。若不知进退,明知不可为而为之,或者为了名利欲壑难填,到头来只能是搬起石头砸自己的脚,悔之晚矣!

挫折是成功的必修课

CUO ZHE SHI CHENG GONG DE BI XIU KE

成功的道路本就坎坷不平，挫折犹如拦在路上的石块和沆洼。若是悲观畏难，永远也到达不了成功的终点站。古今中外，凡是有成就的人，都是勇于面对挫折，直面人生，背后都有一段刻骨铭心的经历。

北宋著名文学家苏轼，三次被贬官，然而他并没因此沉沦，无论身处何种逆境，仍笔耕不止，写出了不少脍炙人口的佳作。

1079年，四十三岁的苏轼调任湖州知府。上任后，即给皇上写了《湖州谢表》的谢文。这本是例行公事，苏轼是诗人，文中难免带有个人色彩，诸如“知其愚不适时，难以追陪新进；察其老不生事，或能收养小民”等。这些话被朝廷新党大做文章，攻击他是衔怨怀怒，指斥乘舆，包藏祸心，对皇上不忠。此外，新党派又从苏轼的诗作中挑出他们认为隐含讥讽的句子，冠上攻击朝廷的罪名。上任才三个月的苏轼，便被逮捕解往京师，受牵连者达数十人，谓之“乌台诗案”。新党派欲要将苏轼置于死地，在许多朝中元老上书的开脱下，苏轼在牢狱中坐了一百零三天后出狱，被贬为黄州团练副使。五年后，苏轼离开黄州，奉诏赴汝州就任。由于长途跋涉，旅途十分劳顿，苏轼的幼儿不幸中途夭折。此时的苏轼路费耗尽，加上丧子之痛，便上书朝廷，请求暂时不去汝州，先到常州居住。在朝中元老的说情下，皇上只得批准了他的请求。常州一带水网交错，风景优美，苏轼定居下来后，通过自耕自种，既无饥寒之忧，也远离了京都政治纷争，苏轼这才安静下来，打算将这里作为终老之地。

时隔一年，宋哲宗即位，高太后以哲宗年幼为由，临朝听政，司马光重新被启用为相，王安石等新党遭到打压。这时，苏轼奉调回朝任礼部郎中，半个月后，升任起居舍人，三个月后又升为中书舍人。不久升任翰林学士知制诰、知礼部贡举。在朝数日，当苏轼目睹朝中所谓的旧党与新党之争，最终不过是换汤不换药的“一丘之貉”后，很是失望，便向皇上提出谏议，对旧党执政后暴露出来的腐败现象进行了抨击。没想到由此又引起了保守势力的反对，再次遭到诬告陷构。苏轼知自己的性格很难在朝中立足，便上书自请外放，最终病死于常州。

苏轼的一生，可谓是跌宕起伏历尽磨难，也正是他的不平凡遭遇，造就了这位历史上的文学大家。

忍受挫折的磨砺，很大程度上能锻炼人的意志，不断积累成功的经验，才有机会收获成功的果实。正如冼星海所说的那样：“一朵成功的花都是由许多苦雨、雪泥和强烈暴风雨的环境培养成的。”

我国著名生物学家童第周，出生在浙江鄞县一个偏僻的山村。童第周从小酷爱读书，因为家里穷交不起学费，他只得一面帮家里干农活，一面跟父亲识字念点书。

童第周十七岁那年，好不容易上了中学。由于文化基础差，学习很吃力，第一学期考试平均成绩才四十五分。学习跟不上班，校长便劝他退学。后经童第周再三央求，校长才同意他跟班试读一学期，并说如果考试成绩再不及格，只能退学了。第二学期，童第周更加发愤学习苦读。每天天没亮，他就悄悄起床，在校园的路灯下读外语。夜里同学们都睡了，他又到路灯下去看书。后来被值班老师发现了，便关上路灯，勒令他进宿舍睡觉。他又趁老师不注意，偷偷躲到厕所外面的路灯下去学习。经过半年的刻苦学习，他的学习成绩终于赶上来了。期末考试的各科成绩都不错，数学考了一百分。童第周手捧成绩单，更加信心十足了。他想："我并不比别人笨，别人能办到的事，我也一定能办到，我一定要争气！"

二十八岁那年，童第周在亲友的资助下，到了比利时留学，指导他学习的是一位欧洲生物学教授。西方国家的学生瞧不起中国学生，常常表现出轻蔑的神色，童第周暗下决心，要为中国人争口气。当时教授一直在做一项实验，需要把青蛙卵的外膜剥掉，这种手术非常难做，不但要有熟练的技巧，还得有超常的耐心和细心。教授自己多次尝试，也没成功。童第周便暗暗下决心要攻克这个难关。他日夜泡在实验室里不声不响地刻苦钻研，一遍又一遍，经历了无数次失败，终于成功了。教授兴奋地夸赞道："童第周真行！"这件事震动了欧洲的生物界，童第周也因此崭露头角。

他就是凭着这种锲而不舍的拼搏精神，揭示了胚胎发育的极性现象，故而成为中国胚胎学的主要创始人，生物科学研究的杰出领导者，并由此开创了中国“克隆”技术之先河，被誉为中国“克隆”之父。

怀才不遇须自强
HUAI CAI BU YU XU ZI QIANG

机会永远垂青那些有准备的人，如果一个人有真才实学，不愁没有用武之地。

战国时期，秦国出兵攻打赵国，包围了赵国都城邯郸。赵国形势十分危急，于是赵王派平原君前往楚国请求出兵援救。平原君受命后，打算在其门下挑选二十个文武人才一同前往，然挑来挑去，只挑选出十九人。这次，门客中有个叫毛遂的人自告奋勇，要求加入前往楚国的行列。许多人讥笑毛遂是自不量力，平原君问毛遂道："你在我门下几年了？"毛遂如实答道："三年了。""一个真正有才能的人，就像一把放在袋子里的锥子一样，立刻会显露出锋利的锥尖。而你在我门下三年了，我从没听说过你有什么特别的表现。这次去楚国的人，不但要有武功，还要能说会道，你还是留下来吧！”毛遂说：“之前我没什么特殊表现，是因为没有机会。我现在自我推荐，就是请您给我一个机会。我自信，假若早点有这样的机会，我不只是露出锥尖，而是锋芒毕露了。”平原君听了，觉得毛遂说的有道理，再说也没别的合适人选，就答应了。到了楚国，平原君与楚王会谈了一上午，楚王还是没答应出兵。这时毛遂持剑走到楚王面前，极力说明赵、楚联合抗秦的利害关系。楚王终于被毛遂说服了，于是答应出兵援救。毛遂这次不但协助平原君说动了楚王，更为赵国立下了大功，从此大家对他刮目相看，而平原君更是视他为心腹待如上宾。

西汉汉武帝时期有个叫主父偃的大臣，原是齐国人，出身贫寒，从小开始学习纵横之术，后又精通《易》《春秋》和百家之言。学成后，他想为齐国一展抱负，却遭到儒生的百般排挤。于是北游燕、赵、中山等诸侯国，均未受到重视。此时的主父偃并未气馁，相信英雄必有用武之地，于公元前 134 年抱着试试看的心情抵达长安，直接上书汉武帝刘彻。令他没有想到的是，当天就被汉武帝召见。他凭着自己渊博的知识和军事才能，赢得了汉武帝的器重，被拜为郎中，不久又擢升为谒者、中郎、中大夫。一年中四次升迁，可谓是破格重用。之后他屡次上书提出了好的建议，为西汉的“大一统”立下了汗马功劳。

以上两则典故说明：是金子总有发光的那一天。然而受环境诸多因素的影响，或许金子会被埋没，空有一身本领无法施展。这时候，无须怨天尤人自暴自弃。人生在世，有出息有作为不只当官发财两条路。既可以发挥自己的特长一展宏图，也可以回归田园自食其力。只要立志做个对社会有用的人，干什么并不重要，重要的是自强自立活得有尊严有价值。唐代大诗人李白，博学甚广才情横溢，可谓是名副其实的大才子。起初，他一心立志于仕途，希望有更大作为。然而唐玄宗只让李白待诏翰林，整天陪皇上题诗作对，是实际上的御用文人。李白生性傲岸，自然不能忍受“摧眉折腰事权贵”的生活。三年后，李白因遭谗毁，自请还山，离开了长安。辞官后，李白浪迹江湖游山寻仙，痛饮狂歌，诗情大发。尽管仕途坎坷，李白仍没放弃建功立业成为非凡人物的理想。“安史之乱”爆发后，李白曾应邀到永王李璘的幕府任职，本以为获得了建功立业的机会。没想到永王的军队被唐肃宗消灭，李白也因此牵连入狱，后来在流放夜郎的途中遇赦。可以说，李白在诗歌上的成就，与他的遭遇有着莫大的关系。正所谓“磨难造奇才，乱世出英雄”。可以说李白的怀才不遇，造就了他“四壁云山开醉眼，一楼风月话诗仙”的杰出文学成就。

狂妄是愚蠢之举

KUANG WANG SHI YU CHUN ZHI JU

“夜郎自大”这句成语典出自《史记·西南夷列传》:“滇王与汉使者言曰:‘汉孰与我大?’及夜郎侯亦然。以道不通,故各以为一州主,不知汉广大。”说的是公元前122年,汉武帝为寻找通往身毒(今印度)的通道,曾遣使者到达今云南的滇国。其间,滇王问汉使:“汉与我谁大?”后来汉使途经夜郎,夜郎国君也提出同样问题。因而世人便以此喻指狂妄无知、自负自大的人。

沾沾自喜狂妄自大,喜欢炫耀自己的人,会让人觉得器量狭小见识浅薄。真正有才能的人,往往是那些懂得谦虚不骄不躁的人。

《孟子·尽心章句下》以简约的语言记述了这样一个历史故事:“盆成括仕于齐,孟子曰:‘死矣盆成括!’盆成括见杀。门人问曰:‘夫子何以知其将见杀？’曰：‘其为人也小有才，未闻君子之大道也，则足以杀其躯而已矣。’”孟子认为，盆成括小有聪明而无君子的大智慧，恃才而非为，才酿成杀身之祸。

《三国演义》中的蜀国将领马谡，虽然作战勇猛，但有一个致命的弱点，就是目中无人，骄狂至极。马谡出兵街亭前，诸葛亮曾明确地提醒他：“司马懿非等闲之辈，更有先锋张郃乃魏之名将，万不可大意。”然马谡毫不在意，大言不惭道：“休道司马懿张郃，便是曹睿亲来，有何惧哉！若有差失，乞斩全家。”由于马谡的骄狂轻敌，最终导致街亭失守。为严肃军纪，诸葛亮只得挥泪斩马谡。

东汉末年的文学家祢衡，博学多才，善于论辩，写文章又快又好，只是相当自傲，好与人争斗。他认为曹操手下的谋士郭嘉、荀彧等人只能够做清洁工，武将张辽可以做个敲鼓的，许褚只能用来放牛喂羊。曹操心里冒火，便让祢衡当鼓吏，在自己大宴宾客的时候让他击鼓，借以当众侮辱。不料，祢衡竟利用当这个差的机会，击一阵鼓骂一阵曹操。结果，受辱的反倒是曹操。最后曹操不愿意亲手杀他，派他去荆州劝降刘表。祢衡到了荆州差点把年迈的刘表气死，刘表也不愿意亲手杀他，把他派去江夏劝降黄祖。祢衡和黄祖喝酒的时候骂黄祖死老头，盛怒之下黄祖命人将他拉上岸去处死。当时祢衡才二十五岁。成语“不可多得”便由此而来，形容非常稀少、非常难得，多用于赞扬有才能的人。然而，多才的祢衡最后因狂妄自大而死。

俗话说：“天不言自高，地不言自厚，人不言自能，水不言自流。”一个人究竟有没有本事，有几分本事，旁人都看得清清楚楚，根本无需自捧。说得多了,反而令人生厌。在科学上,你若是霍金,你或许有资本狂妄,而霍金只有一个;在哲学上,你若是尼采,你或许有资本狂妄,而尼采只有一个;在音乐上,你若是巴赫,你或许有资本狂妄,而巴赫只有一个;在文学上,你若是李白,你或许有资本狂妄,而李白只有一个;在美术上,你若是齐白石,你或许有资本狂妄,而齐白石只有一个……

古往今来,因狂妄自大而失败的例子不在少数。狂妄自大的人,往往以自我为中心,听不进别人的话,凭个人意气独断专行。要明白:这世上没有十全十美的人,每个人都有不同的优点和缺点。以人之长补己之短,才是最明智的。若狂傲自大目中无人,哪怕有多么能干,也是愚蠢的,必定以失败而告终!

干大事须从小事做起

GAN DA SHI XU CONG XIAO SHI ZUO QI

一砖一瓦，垒就高楼大厦；一点一滴，汇成江河湖泊。做人也一样，要想成就自己，不可能一步登天，须从细小的事情做起。

东汉时期，有个叫陈蕃的人，自命不凡，整天想着要干一番大事。有一天，他父亲的好友薛勤来访，见他住的地方垃圾遍地，龌龊不堪，便说："你怎么不把屋子打扫一下？干净整齐，自己住着也舒服，也利于待宾客啊！"陈蕃不以为然道："大丈夫处世，当扫天下，安事一屋？"薛勤当即反问道："一屋不扫，何以扫天下？"陈蕃听了，立时脸红耳赤无言以答。

老子说："天下难事必做于易；天下大事必做于细。"老子所指的细，也就是我们所说的小事。很多时候，大事始于小事，注重小事的人，往往能成就大业。

美国著名的福特公司创始人福特，大学毕业后，去一家汽车公司应聘。这家汽车公司只招聘一人，而和他同时应聘的还有三个人，且比他的学历都要高，他是最后一名面试者。当前面三人面试过后，他觉得自己没什么指望了。但又一想，既来之则安之，便敲门走进了董事长办公室。刚进门，发现地上有张纸，弯腰拾起来一看，是张废纸，便顺手将废纸扔进了废纸篓里，然后来到董事长的办公桌前，恭敬地说："董事长，我叫福特，是来贵公司应聘的。"董事长说："很好，很好，福特先生，你已经被我们录用了。"福特一听，有些惊讶道："董事长，我觉得前面几位的条件要比我好，您怎么录取我了呢？"董事长笑道："福特先生，前面三位的学历确实比你要高，且口才也不错。但是他们只能看见'大事'，看不见眼前的小事。心中只有大事而看不见小事的人，将来很难成功。你顺手拾起地上的废纸虽然是小事，有道是见微知著，将来必定能做成大事。所以，这就是我录用你的理由。"

的确，福特主动拾起地上的废纸丢进纸篓，在常人看来微不足道，但在董事长看来，初次相见就能为他人考虑，招进公司后必能为公司带来效益。果然如董事长所说的那样，福特来到这家公司后，通过发挥自己的聪明才智，使这家公司得到了飞跃发展，以至名扬天下。福特接手这家公司后，将公司更名为"福特公司"。由此可见，成大事先从小事做起，无疑是一条成功的法则。大事由小事起步，小事能成就大业，是千古不变的规律。从另一层面来看，小事也有对与错之分，倘若沾上了私欲，小事便可铸成大错。

从前,有个人偷了人家一根针,这户人家告到县衙,县官依律将偷针人关进了牢房,其刑罚与另一偷牛人同等。偷针人很不服气,对偷牛人说:“我只不过是偷了人家一根针,你偷了人家一头牛,为何刑罚与你一样?”偷牛人说:“我也是从偷针发展到偷牛的。”

古往今来有不少贪官污吏,也是由接受别人的小小礼品开始,发展到贪得无厌以致身败名裂的。千里之堤溃于蚁穴,万里长城起于砖石。不要小看了生活中的小事,小事能成就大事,也能毁掉大事。关键是要行得正坐得端,方向对头。

第十一章 克制人性的弱点

人无完人，每个人都有不同程度的弱点。弱点不可怕，可怕的是不懂得克制弱点。弱点一旦被肆意放纵，极有可能给人生带来灾祸。学会克制弱点，要有“刮骨疗伤”的勇气，敢于剖析弱点的根源，以利“对症下药”予以改正。只有这样，才能不断完善自我，塑造一个全新的自己。

失败源于固执偏激

SHI BAI YUAN YU GU ZHI PIAN JI

性格固执,情绪偏激,是立身处世的一大缺陷。古往今来,不少人就因为犯有固执偏激的毛病,最终是功亏一篑贻害无穷。

三国时期的蜀国汉寿亭侯关羽,过五关斩六将,单刀赴会水淹七军,可谓战功显赫义薄云天，其美名被世人广为传颂。然而他有个致命的弱点,就是固执偏激刚愎自用。蜀主刘备命关羽留守荆州,诸葛亮再三叮嘱他要“北据曹操,南和孙权”。可当孙权派人来见关羽为儿子求婚时,关羽对使都怒喝道:“吾虎女安肯嫁犬子乎?”为此得罪了孙权,导致吴蜀联盟的破裂,最终刀兵相见,关羽也因此落得个败走麦城、被俘身亡的惨局。如果关羽以大局为重，即便不同意联姻也别出口伤人，那么或许是另外一种结局。关羽不但轻视对手,也不把同僚放在眼中。名将马超降蜀,被刘备封为平西将军。远在荆州的关羽得知后，十分不满，特地给诸葛亮写信，责问“马超能比得上谁？”老将黄忠被封为后将军，关羽又当众宣称“大丈夫终不与老兵同列！”凡此等等，那些受过他蔑视的将领对他既怕又恨，以致当他陷入绝境时，无人愿意救援。倘若关羽善于隐忍，也不至于落得这个结局。

现实生活中，不乏性格固执、情绪偏激且不懂得隐忍之人。

某单位秘书科的副科长叫小龚，可以说是学识渊博才华横溢，但他的人际关系十分不好。原因是他喜欢贬损他人抬高自己。无论遇到什么事情，总认为自己比别人强，故而说话冷嘲热讽尖酸刻薄，不这样，似乎体现不出自己的本事。如此一来，不但同事对他避而远之，就连上司也十分反感。所以，进秘书科十多年了还是个副科长。一天，他们科里分配来一个大学生，小龚指挥不了别的人，便拿这个大学生出气，遇事总喜欢在他面前指手画脚一番。一次，小龚安排大学生写一个材料，因写错了一个字，小龚借此机会拍桌瞪眼，狠狠责骂了大学生一顿，其言语字字如刀子，无不伤人自尊。大学生不敢回嘴，流着泪涂改了错别字。事隔不久，小龚调离秘书科，被安排到后勤科从事食堂勤杂工作，他牢骚满腹一百个不愿意，后勤科长找到他说：“领导说了，你愿意在这干，就努力干好自己的本职工作，不愿意干的话，可以选择辞职。你本事大得很，不愁没有用武之地呀！”小龚听了，心中固然不是滋味。他明白，好不容易进入这样的行政单位工作，若辞职再想找到这样的单位已是十分困难。但他不明白的是，他得罪的那个大学生，是他顶头上司的公子。

人与人之间的交往,重在相互尊重,谁也不愿意和一个固执偏激尖酸刻薄的人一起共事。要知道,人之所以受人尊敬,不是因为对方有多大的本事,而是在于品德和修养。品德修养高尚的人,即便才疏学浅,也能得到大家的敬重;以偏概全,固执己见,喜欢钻牛角尖,听不进别人善意相劝的人,是做人之大忌,就是再有才能,也注定是失败的。

背信弃义遭人唾弃

BEI XIN QI YI ZAO REN TUO QI

人与人之间交往，最珍贵的东西莫过于一诺千金言而有信；最痛恨的，莫过于出尔反尔背信弃义。背信弃义的人任何时候都为人不齿，遭人唾弃。

相传明朝永乐年间，京城有个叫朱万年的商人携带五万两白银去杭州贩茶叶。他们乘坐的是一艘帆船，前几天倒也顺风顺水相安无事。这天傍晚，朱万年从船头回到船舱，叫人挂起灯笼，准备与仆人吃晚饭，突然间船身剧烈摇晃起来。朱万年凭着多年的经验判断，遇上水贼了。当他正要招呼仆人操刀应战时，三个蒙面人从水中一跃而上蹿到了船上，一人不由分说举刀将艄公砍倒在地，另两人分别用刀架在朱万年和一老仆人的脖子上。老仆人刚要反抗，水贼将刀一按，老仆人的脖子立时鲜血直流，惨叫一声昏死了过去。朱万年见水贼如此凶残，知反抗只会招来杀身之祸，于是对其中为首的水贼拱手央求道:“老夫船上有些银子,愿意拱手相送,求你们不要伤害无辜了。”水贼冷笑道:“你早这样,就免得我们动手了。”于是吩咐另两个水贼将船上所有的白银装进带来的布袋里。一切停当后,水贼将朱万年和仆人全用蝇索捆绑起来,为首的水贼说:“这些人留着也是个后患,全都扔进河里去喂鱼吧。”朱万年一听,大惊失色道:“白银已经全给你们了,求你们放过我们吧!”水贼冷哼一声,刚要动手,河中有艘小船驶了过来。朱万年见状,大呼“救命”。未等水贼反应过来,一道白影如离弦的箭,眨眼间跳到了船上。三个水贼举刀向白衣男子刺过去,只见白衣男子舞动手中的长剑,没几个回合,三个水贼均被制伏,跪地磕头求饶不止。朱万年自然对白衣男子感恩不尽,命家仆取出五千两白银酬谢。白衣男子连连摆手,说什么也不肯收下白银。朱万年见白衣男子如此重情仗义,更是敬佩不已,忙吩咐家仆摆上酒菜,二人对饮畅谈起来。通过交谈后得知白衣男人叫吴玉儒,江南人,少时练就了一身武功,平时专爱好打不平。成亲后家中有个两岁女孩,因志在武术上发扬光大,于是云游天下寻觅高师。朱万年听了越发敬佩,有意与吴玉儒结为儿女亲家,于是说自己的长孙今年也已三岁,若不嫌弃,可与令千金结为百年之好。吴玉儒见朱万年宅心仁厚,一派长者风度,也就欣然答应了。朱万年十分高兴,转身到船舱捧出一只青花瓷瓶对吴玉儒说:“这花瓶虽然粗陋,却是我们朱家的传家之宝,我一直带在身边。我想就以它作为聘礼,十六年后,就让他们两人完婚。”吴玉儒接过瓷瓶一看,果然有些粗陋不堪。朱万年看出了吴玉儒的想法,便抚须笑道:“瓷有价,卖不值一文;瓷又无价,不卖价值连城。”吴玉儒听了,朗声大笑连连称好。

一晃十六年过去了,朱万年已经去世,其孙子朱长亭也已十九岁了。朱万年在世时,朱吴两家经常有书信往来。朱万年去世不久,吴玉儒也暴病身亡,吴家随之家道破落。朱万年的儿子朱由良素来嫌贫爱富,见吴家衰败,便不再与吴家来往。两年后又得知吴家母女穷得靠纺纱度日,于是单方面毁婚,为儿子朱长亭另外张罗起一桩婚事来。虽然朱由良是个势利小人,他儿子朱长亭却有些祖父遗风,认定吴家对朱家有恩,忘恩负义非君子所为,对父亲的背信弃义十分反感,于是坚决不同意另娶她人,表示非吴玉儒的女儿不娶。朱由良最终没能拗过儿子,只好将婚事先放在一边。

这天,是朱由良五十大寿寿宴,朱府张灯结彩大摆筵席。朱长亭正在大门口迎接客人,忽家丁来报,说有个姓吴的小姐求见。朱长亭赶忙随家丁来到大门外,只见一位清丽的姑娘全身缟素,亭亭玉立站在那里。见了朱长亭,脸上一红,躬身施了个礼,报上自己的名字。朱长亭心中大喜,这姑娘正是吴玉儒的女儿吴玉花。原来吴玉花的母亲几个月前患病去世,吴玉花料理完母亲的丧事后,无处可去,便到京城来投奔朱家。一个弱女子初出家门,加上盘缠有限,一路上风餐露宿吃了不少苦。好不容易到了京城,经四处打听终于找到了朱府,正好逢公爹五十寿庆,心中不由一喜,她绣了多年的彩袍正好可以当作寿礼敬献给公爹了。朱长亭听了吴玉花的遭遇,很是心疼。见吴玉花不但漂亮又很贤惠,打心眼里喜欢,于是兴冲冲带着玉花去拜见父亲。朱由良听说吴玉花不请自来,很不高兴。他对跪拜她的吴玉花冷声冷气道:“素未相见,怎么能够证明你就是吴玉花?”吴玉花愣了片刻,从随身的包袱中捧出一个青花瓷瓶说:“这是十六年前朱爷爷赠送给我父亲的聘礼,听说还是朱家的传家之宝呢!”朱由良一见瓷瓶,心中暗自叫苦:当年父亲说起过这事,想不到吴家生活清苦,这瓷瓶竟然没有变卖掉,如今还从江南带到了京城,这可如何是好?想到这儿,朱由良有了主意，他叫仆人把瓷瓶递过来，颠来倒去看了半晌，突然低沉道："我们朱家世代富有，怎么会用这样一只粗陋的花瓶当传家宝，而且还作为聘礼呢？你这女子分明是假冒吴玉花，来我这欺诈来了。来人啦，把这女子轰出去。"此时的吴玉花有口难辩，只得以泪洗面哭泣起来，转身就要离开朱府。这时朱长亭一把拉住吴玉花，质问父亲道："那你又怎么证明这瓷瓶不是聘礼呢？"朱由良瞪了儿子一眼，生气地伸手一拂，将瓷瓶打翻在地，怒吼道："这种货色怎么会是朱家的东西？"然而就在瓷瓶摔碎的一刹那间，众人一下子瞪大了眼球。瓷瓶中掉出来一个黄绸包裹，包裹散开处滚落出几颗珍珠来，每粒都有鸡蛋大小，价值不菲。朱长亭赶忙上前拾起包裹打开一看，里面包着几十两黄金。包裹外有一封发黄的信笺，朱长亭认得是祖父的笔迹，于是当场读诵起来："玉儒亲家：我看你印堂有团黑气，有可能中年夭亡。到时，吴家恐怕会家道中落。这只粗陋的瓷瓶虽一文不值，但里面装有几颗珍珠和五十两黄金，也可供玉花母女度日。我儿子朱由良是个嫌贫爱富之人，我百年之后，定下的这门亲事可能会有变故。如果他不能容玉花，一定要将青花瓷瓶打碎，足可见我的一片真心。"很显然，这封信笺是当初朱万年暗中塞给吴玉儒的，吴玉儒发现这封信后，将它塞进了瓷瓶内，丝毫没动瓷瓶内的东西。朱由良听完信的内容后，又惊又悔，一下子瘫软在地不知如何是好。这件事一传十十传百，世人无不唾弃朱由良的不义行径。于是这个故事作为背信弃义的教材，千百年流传了下来。

诚信是金，不讲诚信的人往往难以成就自己。大凡背信弃义之人，狭隘自私忘恩负义置诚信于不顾。做人，如果做到了这个份上，不但受人谴责遭人唾弃，人缘关系极差。人一旦失去了别人的信任，可以说举步维艰一事难成。

优柔寡断难成大事

YOU ROU GUA DUAN NAN CHENG DA SHI

很多时候，人生好比是一场赌局，取胜的机会稍纵即逝。如果遇事优柔寡断不懂得把握好机会，就有可能输得一塌糊涂。

东汉灵帝时期，大将军何进总镇京师，可谓权倾朝野，曾深得汉灵帝的宠信。后来由于朝中权宦“十常侍”窃权作乱，袁绍便与他密谋欲诛杀宦官。可此时的何进优柔寡断，迟迟没有下手。事情被暴露后，张让等宦官先下手为强，使计将何进骗进宫中一举擒获将其乱刀砍死。倘若何进当机立断惩处权宦“十常侍”，也不至落得这个悲惨结局。

秦朝末年，刘邦和项羽率军各自攻打秦军。刘邦的兵力虽不及项羽，但首先攻破了咸阳。项羽闻此消息后勃然大怒，派将军英布率军进攻函谷关，项羽到达咸阳后，又听说刘邦准备在关中称王，更是愤怒无比，调集大军准备消灭刘邦的军队,眼看一场恶战在即。这时,刘邦从项羽的叔父项伯口中得知了这个消息,很是惊惶。刘邦深知,凭自己现在的军事实力,很难与项羽抗衡,搞不好会有全军覆没的可能。为了避免这场灾祸,刘邦决定从项伯身上打开突破口。酒宴上,刘邦不但对项伯十分恭维,频频敬酒,再三表白绝无称王之意,又与项伯约为儿女亲家。项伯终于被刘邦说服了,答应在项羽面前为他说情,并约刘邦次日前往项羽帐中表示感谢,刘邦虽然心里担心,但又不能说不去见项羽,便答应践约。项羽听说刘邦会来,心想是除掉这个政敌的好机会,于是摆了一桌酒宴,暗中埋伏好武士,俗称"鸿门宴"。虽有项伯的一力担保,然项羽的亚父范增主张趁此机会必须杀掉刘邦,以绝后患。酒宴上,范增再三示意项羽下诛杀令,可此时的项羽听刘邦绝无称王之意的言辞,优柔寡断起来,丝毫不理会范增的提示。范增忍耐不住,嘱项庄舞剑名为酒宴助兴,趁机杀掉刘邦。项伯看出了项庄的意图,也起身舞剑,化解了刘邦的险情。正在这时,项羽的部下樊哙佩剑闯进门来怒目直视项羽。项羽见此人气度不凡,有些喜欢,便问来者何人。当得知是刘邦的参乘时,即命赐酒,樊哙站而饮之。喝酒之间,樊哙有意无意间说刘邦的好话,为刘邦开脱,项羽终于相信了刘邦,刘邦也趁此机会脱离虎口。且不论楚汉之争的是非功过,"鸿门宴"上项羽若是按照事先的安排快刀斩乱麻,也就不会兵败自刎于乌江。

优柔寡断的性格是一个人不大成熟的反映。一般来说,优柔寡断的人大致有这些性格特征:缺乏自信,感情脆弱,易受暗示,喜欢随大流,过分小心谨慎等。这些性格特征很容易左右我们的认知判断能力,遇事徘徊于两难境地,犹豫不决畏首畏尾,从而影响执行力,白白丧失最为有利的机会。人的一生中，无论干什么工作都曾有机会光顾过。而机会往往是一闪而过，抓住了也就成功了；若优柔寡断、前怕狼后怕虎，不但坐失良机，更会带来无尽的追悔。如何克服优柔寡断的毛病，关键在于自强自立，善于决定取舍，培养自己主动思考、辨别是非的能力。遇事不要依赖别人给你出主意，也不要依靠他人暗示，更不要过于追求完美。不管对与错，“凡事预则立，不预则废”，别去计较得失。惟有这样，才能走出优柔寡断的迷宫，活出自己的独立人格。

待人最忌厚此薄彼

DAI REN ZUI JI HOU CI BO BI

人上一百，形形色色，尽管人们的社会地位和角色不同，但都需要尊重。人际交往中，要特别注重不尊不卑一视同仁。有的人待人喜欢以对方的身份为标准，对“重要人物”谦卑有加，而对一般人却毫不在意。殊不知这是犯了大忌，如果不注意这些细节，往往会失去人缘甚至带来祸害。

北宋名将党进有一天在京师巡查治安，发现市集里有人饲养鹞鹰和鹦鹉，觉得不妥，于是命令左右将鹞鹰和鹦鹉放了，并训斥养鹰人道：“你不买肉供养父母，反而用来喂养鸟儿！”养鹰人说：“是晋王命令养在这里的。”说罢要去告诉晋王。党进一听说是晋王养的鹞鹰和鹦鹉，整个人立时变得谦恭起来，不但嘱咐养鹰人要“恭敬地看护，不要让猫狗伤了它们”。又掏钱让养鹰人去买肉给鹰吃。党进前后两种截然不同的态度，就因为鹞鹰和鹦鹉的主人发生了变化。所以老百姓纷纷讥笑党进，称他是厚此薄彼的谄媚官员。

厚此薄彼很容易得罪人，如果得罪的是君子还好说，若是小人，就麻烦了。

春秋时期，宋国与郑国开战。决战前夕，为了鼓舞士气，宋国大将华元下令杀羊犒劳将士。全军将士为能吃到羊肉而兴高采烈，一时间军心大振，唯独替华元驾驭战车的羊斟被漏掉了没有分到羊肉。本来吃不吃羊肉是一件小事，可羊斟觉得很不公平，认为是华元不尊重他，于是便怀恨在心。几天后，宋、郑两军对垒，华元坐在战车上督战，羊斟觉得报复的机会来了，于是猛一扬鞭，将驮着华元的战车直向敌营冲去。华元大惊，怒斥羊斟道："混账，那可是敌人的营帐，赶快停下来。"羊斟冷笑道："前次杀羊，是你做主；今天赶战车的是我，由我做主。"话音才落，战车已驰到郑营。战事未开，华元却成了郑国的俘虏。羊斟为了一碗羊肉羹不惜出卖上司和国家，固然为人所不齿。然留给后人的教训是：无论何时何地，不可以厚此薄彼，不管是有意还是无意。

人与人之间维系情感才是长久不衰，就是相互尊重平等相待。

有这样一个故事：某村庄一户人家有三兄弟，都已成家娶妻各生下一个女儿，因为年龄相差只有一两岁，她们同在一个学校读书。三兄弟均已外出打工，留下妻子在家照顾女儿。妯娌三人相处得十分融洽，情同姐妹一般。一天下午，老大媳妇去小学接女儿，老二老三的女儿平时都是由她一人接回家。接好人后看到校门口有许多人围在一个小摊前，老大媳妇走近一看，是个小伙子在推销书包和学习用品。这时，跟在老大媳妇后面的女儿一眼看中了一个书包，拉着她妈的手摇晃道："我的书包坏了，给我买个吧！"老大媳妇想想也是，可掏出钱数了数，笑着对女儿说："妈身上的钱不够，书包坏了我回家给你缝一下好吗？"女儿噘着嘴说："我明明看到你手中有张五十块的钱，这书包才三十多块钱，怎么钱不够呀，您就是不想给我买嘛！"老大媳妇也没多作解释，指着货摊对女儿说："那文具盒挺漂亮，你的文具盒也坏了，要不我给你买个吧！"女儿点点头，心想买不成书包，先买个文具盒也好。见妈一下买了三个，问道："买那么多干吗？"她妈指着身后的两个女孩说："你这两个妹妹的文具盒也是去年与你一起买的，也都坏了，给你们一人买一个吧。"这时女儿才明白了母亲的心思，心中想道：原来妈是说买三个书包的钱不够啊！回家后，刚好老二媳妇从娘家回来了，他将手中的三个塑料袋放到桌上，对老大媳妇说："嫂子，这是我娘家弟弟从外地带回的特产，你拿一份吧！"正当三个小孩子兴高采烈翻看是什么特产时，老三媳妇风尘仆仆回来了，她一进门就放下袋子对三个小孩子说："看看我给你们买什么了？"三个小孩子先是一愣，继而围着去打开袋子，只见三件崭新的花棉衣露了出来。老三媳妇分别将棉衣替三个小孩穿上，满意地说："怎么样，还合身吧！"这时老大媳妇说："又让你破费了。"老二媳妇说："花了不少钱吧！"老三媳妇笑了笑说："一家人莫说两家话，也没多少钱，小孩子长得快，去年的棉衣不能穿了，天气要冷了，得给她们添置新棉衣了。"

其实，文具盒、特产也好，棉衣也罢，都值不了多少钱，最珍贵的是她们有坦荡无私的品性。正是这些生活中点点滴滴的日积月累，才使得她们和睦相处不分彼此。现实生活中，引发家庭矛盾的导火索大多源于妯娌的不和，往往因为妯娌之间的争长论短而造成兄弟间的不团结甚至反目成仇。所以说，人际交往中，若是厚此薄彼，会失去很多珍贵的东西，包括人缘和信任；家庭生活中，若狭隘自私争长论短，也将亲情沦丧形同仇人。

做人不可没有气节

ZUO REN BU KE MEI YOU QI JIE

气节是什么?顾名思义是指人的骨气和节操。形象点说,气节也是人的脊梁骨。如果一个人没有了脊梁骨,势必丧失其人格和尊严。明代诗人于谦在《石灰吟》中的诗句"千锤万凿出深山,烈火焚烧若等闲。粉身碎骨全不怕,要留清白在人间",吟出了中华民族历来所推崇的"玉碎不改白,竹焚不毁节"的传统美德和每个人所应有的坚贞气节。

翻开汉朝历史,"苏武牧羊"的故事便是不畏强权,保持崇高民族气节的不朽典范。

公元前一百年,匈奴的新单于即位,汉武帝为表示友好,派遣大臣苏武率百余人携带许多财物出使匈奴。就在苏武完成任务准备返回汉朝时,匈奴上层发生了内乱,苏武一行受到牵连,被扣留下来,并被要求背叛汉朝,臣服单于。起初，单于派人劝说苏武，许以丰厚的俸禄和高官，遭到苏武的严词拒绝。单于见软的不行，决定用酷刑逼苏武就范。当时正值严冬，天上下着鹅毛大雪，单于命人把苏武关入一个露天的地窖里，断绝食物和水。苏武全然不当一回事，渴了，吃一把雪；饿了，就嚼身上穿的羊皮袄。好几天过去了，单于见苏武仍然没有屈服，只好把苏武放了出来。单于很敬重苏武的气节，不忍心杀他，但又不愿放他回国，于是决定将苏武流放到西伯利亚的贝加尔湖一带，让他去放羊。临行前，单于对苏武说："既然你不愿投降，那就让你去放羊，什么时候公羊生了羊羔，我就让你回到中原去。"苏武被押送到人迹罕至的贝加尔湖边，这里远离中原，自然环境十分恶劣，单凭个人能力是无论如何也逃不掉的。苏武每天捧着代表汉朝的使节棒放羊，日复一日年复一年，一放就是十九年。使节棒上的雕刻磨光了，胡须和头发也全白了。十九年中，老单于去世后，汉武帝也驾崩，由汉昭帝继位。匈奴新单于有意与汉朝和好，答应汉朝将苏武接回。苏武回到自己的国家后，其坚贞不屈的气节受到了汉朝老百姓的称赞，他的事迹载入历史史册，被传颂至今。

又比如南宋名臣文天祥在抗元战斗中被俘，囚禁在大都兵马司土牢达四年之久。文天祥面对元统治者的软硬兼施、恩威并用毫不动摇，誓死不降，在狱中写下了千古不朽的正气歌，其凛然气节被人们广为称颂。反过来看，凡贪生怕死卖国投敌丧失气节之徒，势必受到人民和历史的唾弃。比如，历朝的奸贼及民国时期的大汉奸汪精卫、周佛海之流，将永远被钉在历史的耻辱柱上。

一个有气节的人，往往是一个热爱祖国，为了维护国家和民族利益，能置个人生死于不顾的人。但气节也表现在没有硝烟的和平环境中,面对私欲的诱惑能保持洁身自爱,一尘不染,这就是气节;坚守节操,“不为五斗米折腰”,这就是气节。近年来,随着社会经济的不断发展,有些官员被个人私欲冲昏了头脑,利用手中的权力大肆贪污受贿中饱私囊;也有的人为了达到个人的目的,在上司面前卑躬屈膝摇尾乞怜,极力讨好巴结权贵,完全丧失了做人应有的尊严和气节。一个没有尊严和气节的人,也必然是一个没有“脊梁骨”的人。试想一下,一个没“脊梁骨”的人,又怎能肩负起人民赋予的重任呢?顶多只是个见风使舵的吹鼓手罢了。所以说,气节既是民族之魂,也是正义之士必须具有的骨气。坚守气节,方能在淫威之下不屈服,诱惑面前不弯腰。唯有如此,才能无私坦荡活出尊严,也才能立于不败之地!

偷奸耍滑莫要为

TOU JIAN SHUA HUA MO YAO WEI

所谓的偷奸耍滑，是指那种玩弄伎俩自作聪明的人。这种人自以为高明，其实是最愚蠢的。常言说“夜路走久了终会碰到鬼”。这里说的鬼，比喻机关算尽自讨没趣的意思。

有个民间故事：说的是从前一户财主家雇佣了三个仆人，分别叫张三、李四和王五。张三是个性格倔强的人，虽然身为仆人，但无奴颜媚骨，每天挺直腰杆做他应做的事情。因为性格刚直敢言不讨财主的欢喜，没少挨鞭子。李四是个见风使舵的人，遇到财主发脾气时，他会弯腰躬背低下头，从不与财主顶撞。时间一久，他的背有些微驼。王五是个挺会讨财主高兴的人，他每天在财主面前卑躬屈膝唯唯诺诺，有时不惜跪地为财主擦去鞋子上的尘土，俨然一副奴才相，并且还时不时说张三和李四的坏话，以此博取财主的信任。财主果然对王五另眼相看，不但吩咐他监督张三和李四，又经常赐给他一些张三李四吃不到的好东西。王五为此很得意，时常在张三和李四面前炫耀自己的本事。一天，财主宣布要对三个仆人重新进行分工。王五一听十分高兴，心想财主这样看重自己，想必可以当个小管家了。可宣布的结果却让王五大失所望，原来财主让张三负责摘果子，李四负责浇花，而王五则负责擦地板。王五很不理解，便去问财主，财主说："我这样分工是合理利用了你们各自的特点。张三身子挺直，适合摘树上的果子；李四腰身有些驼，适合种草浇花；而你喜欢下跪，当然最适合擦洗地板了。"王五一听，心里像吞了只蜘蛛，不是滋味。

凡偷奸耍滑的人，无论做什么事情，习惯于挑肥拣瘦避难就易，不明白难事方能造就英雄的道理。

相传古时候有个国王准备选拔一名使者出使外国，因为出使之路困难重重，而大臣中都是些苟延残喘的老人，恐难以胜任出使之职，于是国王下令在全国范围内招贤纳士。经过层层筛选，最终确定了两名条件相当的候选人。两人选一，国王不知选谁才好，于是去寺院征求方丈的意见。方丈笑着说："这个容易，叫他们两个都跟我到斋房去。"到了斋房，方丈对两个候选人说："这里有很多水桶，你们一人选一担，从山底挑一担水上山。这里下山有两条一般的小路，你们一人走一条，看谁先把水挑到这里。"两人点了点头，其中一人眼明手快，上前选择了一担平底小桶，而另外一人却选择了尖底桶。二人按照方丈的吩咐，分别下山去了。看到两个候选人下山挑水去了，方丈合掌念了声佛号，便问国王道："陛下认为哪一个会最先到达山顶呢？”国王笑道：“这还用想，当然是选小桶者先到啊！”方丈笑道；“老纳却认为选尖底桶的人会先到。”国王不信，方丈说：“一个时辰后便可见分晓了。”刚好一个时辰，果如方丈所说的那样，最先到达斋房的竟然是选择尖桶的那个。国王不解，忙问为什么。方丈笑而不答。叫来那人问道：“施主为何选择尖底桶？”那人笑了笑答道：“我之所以选择尖底桶，是觉得尖底桶能鞭策我一鼓作气把水挑上山。因为尖底桶途中不能放下歇息，一旦放下桶里的水就全没了。”国王听了他的话，心中豁然开朗，已有了最好的人选。没一会儿，那个挑着两只平底小桶的人才来到了斋房。当他发现另一人先到达斋房时，立时像泄了气的皮球。这时方丈问他道：“施主知道自己为什么没有先到么？”那人脸含愧色道：“我原以为我的桶比他的小，挑起来省力，肯定会比他先到，所以在路上歇了几次，没想到他会先到了。”

人之所以成功，很多时候是被逼出来的。每个人都有几分惰性，如果不善于给自己加压，就会被惰性吞噬，故难以充分发挥自己的最大潜能。会拼才会赢，拼，就是一种勇往直前敢于吃亏的精神。任何的偷奸耍滑，玩弄自己的小九九，到头来必然是得不偿失。

害人之心不可有

HAI REN ZHI XIN BU KE YOU

害人终害己，皆千古不变的教训。无论遇到什么事情，做人要懂得推己及人，不可以有害人之心。

唐朝武周时期，有人密告文昌右丞周兴和邱勣串通谋反，武则天便命左台御史中丞来俊臣审理这个案件。周兴和来俊臣都是当朝有名的酷吏，曾大肆罗织罪名滥杀无辜，许多大臣及宗室死于他们的严刑拷打之下。这天，来俊臣把周兴请到家里做客，一边饮酒一边讨论如何加大刑罚力度。话间，来俊臣以请教的口吻问周兴："有些囚犯再三审问都不肯认罪，请问有什么好办法使他们招供呢？"周兴说："这个容易，拿一个瓮，让炭火在瓮的周围烧烤，然后命囚犯钻进瓮里，什么罪他敢不认？"来俊臣点头称是，当即命家臣找来一个瓮，按周兴的办法架起炭火把瓮烧得通红，然后对周兴说:“有人密告你谋反,我受圣上之命审问你,你是自己钻进瓮里去还是坦白认罪?”周兴一听,惊得目瞪口呆。他明白这个他发明的酷刑的厉害,只得跪地磕头认罪。这就是“请君入瓮”的由来,也是害人终害己的典型案例。周兴因谋反罪被流放,后来被仇家所杀。酷吏来俊臣当然也没有好下场,终因恶贯满盈被武则天下令处死。

古往今来,有的人为达到自己不可告人的目的,往往采取一些极端的手段排除异己陷害他人。然多行不义必自毙是一条不可逾越的自然法则,谁也逃脱不了,官场是这样,民间也莫不如此。

从前有个蠢人娶了个媳妇,蠢人不善床上功夫,而他媳妇心存淫荡,总想红杏出墙。但婆婆看得很紧,于是便想方设法要除掉婆婆,清除这个眼中钉。但她表面上对婆婆很孝顺,时常拿花言巧语哄婆婆开心。这样过了一段日子,蠢人对媳妇如此孝顺老母亲心存感激,什么事都听媳妇的。一天,媳妇对男人说:“我再怎样孝敬婆婆,婆婆只是享了人间的福。如果能让婆婆和神仙一样享天堂的福,就更好了,不知有没有好办法可以让婆婆到天堂去享福?”男人听了,觉得媳妇说得有理,于是说:“听说有一种方法,人跳入火坑就可以到天堂了。”媳妇狡黠地笑了笑说:“要不就按你说的,送她老人家去天堂?”男人点头称好。于是当即在山上挖了个大坑,里面堆满柴火。天黑后,将老母亲哄到坑边,点燃柴火后将老人推下了坑,夫妻二人头也不转就回了家。也是老人命不该死,火坑边有个供人上下的小台阶,老人刚好掉到了台阶上,趁火势不大便爬出了火坑。这时已是深夜,老人无法找到回家的路,又担心地上不安全,便奋力攀上了一棵树,打算在树上待到天亮后再回家。没多久,一伙强盗入室抢劫了许多财宝路过树下,准备休息一下。树上的老人吓得双脚发抖,生怕被强盗发现。但越担心就越紧张,忍不住咳嗽了一声。强盗们听到头顶传出凄厉的声音,也是做贼心虚,便认定是鬼怪索命来了,于是丢下财宝,纷纷夺路而逃。天亮后,老人从树上下来,拿起财宝回到了家中。夫妻俩一见老人,以为是鬼魂,吓得跪地磕头不止。老人冷笑一声对他们说:"我到天堂后,带回了许多财宝。"说罢将财宝丢到地上,朝儿媳说:"这些金银珠宝都是你父母、姑姑、姨娘等人送给你的。她们的财宝堆成了山,只因我年老体弱,拿不了多少。你在天堂的亲属托我带话给你,让你去她们那一趟,宝物随你挑。"儿媳信以为真,对男人说:"老人投火炕上天堂得了这么多宝物,如果我去,一定会得的宝物更多。"于是叫男人挖了个大坑,堆上柴火点燃后跳了进去。只是她没有婆婆那样幸运,一投进火坑就被烧成了焦炭。

害人不单表现在剥夺他人生命上,也反映在损害他人利益诸多方面。任何的损害他人生存权利都是害人之举,切忌不可为之。人活一世,重要的是心术要正,脚杆子要稳,一步一个脚印走出属于自己的新天地。要知道,这世间的事只有没做的,没有不被人知道的。龌龊害人之事无论做得多么隐蔽,也有暴露的一天,凡事别抱侥幸心理。成功了,要懂得珍惜;失败了,要靠自己爬起来。别盯着他人,一切靠自己,才能活出无愧于己的人生!

第十二章 在善忍中成就自己

做人能忍，你就赢了；做事能忍，你就成了。很多时候，成与不成，往往取决于忍与不忍一念之间。学会忍耐，首先要立足善于，善于涵盖了做人的大智慧。在复杂多变的人际交往中，学会保护自己，必须要懂得善于忍让。善于忍让不但能减少与人交往中的无端伤害，也是成就自己的重要环节。

善忍在于心态

SHAN REN ZAI YU XIN TAI

世态复杂多变,每个人都有可能跌进人生的低谷。面对挫折和困境,是怨天尤人灰心丧气,还是隐忍积蓄力量反败为胜,完全取决于个人的心态。心态好,懂得隐忍,便能赢得成功。

战国时期之初,齐人孙膑和魏人庞涓一起在鬼谷子门下学习兵法。庞涓为人高傲且心胸狭隘,学习了一段时间后,自认为掌握了兵法要领,便下山求取功名去了。孙膑继续留在鬼谷子身边发奋学习,鬼谷子见他为人质朴,勤勉好学,很喜欢他,便把自己的看家本领全部传授给了他。这期间,庞涓在魏国受到了重用,当上了统兵的将军。此时的庞涓担心孙膑去了别的国家,对自己是一大威胁,于是向魏惠王引荐孙膑,魏惠王听说庞涓的同窗孙膑也很有才学,于是通过庞涓,邀请孙膑到了魏国。魏惠王想知道孙膑有多大本领,便出题考他的才能。无论什么难题,孙膑滔滔不绝说得头头是道,不但魏惠王十分满意,满朝文武也叹服不止。此时的庞涓自愧不如,后悔将孙膑招来影响了自己的地位,于是决意要尽快除掉这颗绊脚石。他在魏惠王面前进谗言说:“臣罪该万死!臣的师弟孙膑来到魏国后,并不安心为魏国效力,整天抱怨说自己是孙武后人,居然得不到大王的重用,还不如回到齐国去。可是臣已遵旨带他参观过军营、要塞,要是他去了齐国,岂不是暴露了我国的军事机密吗?”魏惠王一听有这事,十分震怒,庞涓又假惺惺地说:“臣荐人不察,还请大王责罚,看在臣与孙膑是同门的分上,恳请大王免了他的死罪。”魏惠王说:“死罪可免,活罪难逃,对他施以膑刑和鲸刑,派人严加看管,不许他离开魏国。”莫名其妙被施以挖膝盖骨和脸上刺字重刑的孙膑,终日躺在床上不知所以。庞涓每每来到孙膑病榻前悉心安慰大献殷勤,令孙膑十分感动,答应将鬼谷子传授的《孙子兵法》写在木简上交与庞涓。此时的孙膑被蒙在鼓里,不知道同窗好友庞涓竟是陷害他的元凶。但纸是包不住火的,孙膑的遭遇引起了侍奉孙膑童仆的同情,童仆把真相全说了出来。孙膑一听,这才恍然大悟。他明白庞涓一旦骗取《孙子兵法》后必置自己于死地,为了脱离虎口,他强忍心中的怒气,开始装疯卖傻,一会儿哭一会儿笑,说话颠三倒四语无伦次。庞涓开始也以为孙膑是假装的,为了一试真假,叫人把孙膑扔进粪坑里。孙膑毫不在意,抓起粪便就往口里塞。这一下,庞涓终于相信孙膑是真的疯了。消息传到齐国后, 齐威王十分敬重孙膑的才能, 派人暗中来到魏国施救,终于将孙膑救回了齐国。孙膑虽然被挖去了膝盖,但他的军事才能获得了齐威王的重用。后来孙膑带兵伐魏,用减灶之计击败了魏军,庞涓兵败自杀。大仇得报的孙膑从此名扬天下,他著的《孙膑兵法》被视为最经典的军事专著流芳千古！

一个内心强大的人不仅要有该出手时得出手的雄心壮志，还要懂得该隐忍时必须隐忍，否则难成大事。孙膑若不能忍受挖骨之辱，不但报不了仇，连命也会白白断送掉。纵观历史，凡能隐忍者，最终都成就了大业。比如说春秋时期的越王勾践，被吴国俘虏后，隐忍亡国之恨，卧薪尝胆数载，终于打败了吴国；西汉时期的韩信，忍受“胯下之辱”才没被人整死，最终为西汉建立屡建奇功，与萧何、张良并称为“汉初三杰”；西汉的陈平忍受大嫂的羞辱，刻苦读书，学成后辅助刘邦成就霸业，成为西汉的一代名相。等等这些，无一不是隐忍一时之屈终成大业的典范。忍常人之所不能忍。不少深谙善忍精髓的人，遇事提得起放得开，经得起任何风吹雨打。

修炼宽恕之心

XIU LIAN KUAN SHU ZHI XIN

善于忍耐的人，必有一颗宽恕他人之心。人与人之间，不如意之事十之八九，难免有磕磕碰碰的事情发生。懂得宽恕他人，既不会因泄私愤而做下遗憾之事，也能得到他人的尊重和帮助。

秦穆公为了秦国的长治久安，娶了晋惠公的姐姐为王后。两国联姻后，关系更为友好，史称“秦晋之好”。后来晋国遭遇大旱灾，饥民遍野，秦穆公采用百里奚的建议，从渭河放舟运送大批粮食经黄河转汾河，救济晋国百姓，名为“泛舟之役”。第二年，秦国也发生了大旱灾，晋惠公不但不救济秦国百姓，反乘机领兵入侵秦国，史称“韩原大战”。大战中，秦穆公对忘恩负义的晋惠公义愤填膺，亲自领兵上阵誓与晋军决一死战，然不料身负重伤陷入重围，眼看就要被俘。就在这危在旦夕之时，突然有一群“神兵”杀开一条血路冲入重围之中，不但救出了秦穆公，又活捉了晋惠公。晋国将士见国君被活捉，不由阵脚大乱，战局急转直下。秦国将士军威大振，一鼓作气打败了晋军。毋庸置疑，秦军反败为胜得益于“神兵”的从天而降。所谓的“神兵”，是住在秦都雍城东北的野人坞被称作“野人”的乡民。有一次，秦穆公喜爱的一群骏马逃奔城北，被野人坞的一群乡民杀而食之。按照秦朝刑律，擅杀国王马匹要受到严重处罚。于是有人主张按律严处这些“野人”。秦穆公认为，马匹已经被吃了，再处罚他们也于事无补，何况他们是秦国的子民。于是不但赦免了乡民的罪，又赐数十坛美酒，让他们解马肉之毒。这些乡民对秦穆公感激不尽，要伺机报答秦穆公的恩德。所以当听说秦晋交战时，自发组织三百名壮士暗随秦穆公出征，帮助秦穆公打败了晋国。

历史上有许多宽恕他人的故事，如“管鲍之交”，堪称千古佳话。

春秋时期，齐襄公被杀后，公子小白和公子纠为争夺王位而战。大夫鲍叔牙帮助公子小白，而管仲帮助公子纠。双方交战中，管仲曾用箭射中了小白衣带上的钩子，小白险些丧命。小白在鲍叔牙的帮助下，战胜了公子纠，当上了齐国国君，即齐桓公。齐桓公执政后，要任命鲍叔牙担任相国一职，鲍叔牙坚持不受，并推荐管仲出任相国。他对齐桓公说：“治理国政，我有五个方面不如管仲。宽惠安民，让百姓听从君命，我不如他；治理国家，能确保国家的根本利益，我不如他；讲究忠信，团结百姓，我赶不上他；制作礼仪，使四方都来效法，我不如他；指挥战争，使全国百姓更加勇敢，我不如他。”鲍叔牙列举的五个不如，固然有谦逊之词，但他为了国家利益避嫌荐能之壮举，实为百世楷模。齐桓公也是个宽宏大量的人，见鲍叔牙有如此之肚量，便依了鲍叔牙，不计前嫌任命管仲为齐国相国。管仲担任相国后，专心协助齐桓公治理国政，通过改革弊病，数年之间齐国的经济、政治和军事方面得到了长足的发展，成为春秋前期中原地区经济最发达的强国。从而齐桓公一展宏图，成就了“九合诸侯，一匡天下”的霸业。

宽恕是一种智慧人生，学会宽恕他人，也是在善待自己。生活是个万花筒，谁也不是十全十美的人，难保不会遭受厄运或犯错误。懂得宽恕他人，才能得到他人的宽恕和帮助。比如秦穆公，假若当初不能宽恕“野人”，那么很难逃脱被俘的命运；鲍叔牙倘若不能避嫌荐能，也难以受到世人的敬重而留下“鲍管之交”的千古佳话。宽恕他人，并不是无原则的放纵，也不是忍气吞声逆来顺受，而是一种得饶人处且饶人的人生态度。只要不是损害国家和民族利益的事情，其他的事情都可以宽恕。拥有一颗宽恕之心，还心灵一份纯净，不被世事浮云所羁绊，心胸会更加坦荡，生活也会更加轻松美好。

做自己的主人

ZUO ZI JI DE ZHU REN

每个人在别人眼里，均有不同的评价。成功了，或许有人会说是投机取巧；失败了，也许有人会说是能力不够。凡此种种，如果太在意别人的言语和眼光，势必严重束缚自己的手脚，走入附庸他人的圈子。做人，要想脱颖而出，就别太在乎别人怎么说，重要的是自己怎么做。自己认准了的路，哪怕荆棘丛生，也要坚持不懈地走下去，做自己命运的主人。

关于张海迪的事迹，出生在五六十年代的人都耳熟能详。她是一个重度残疾人，五岁时患脊髓病，胸部以下全部瘫痪。在不少人眼里，当时的张海迪无疑是一个废人，但她不甘屈服于命运。从那时候起，张海迪开始了与命运抗争的艰难之路，以顽强的毅力与疾病作斗争。她无法上学，便在家自学完小学、中学全部课程。十五岁时，张海迪跟随父母下放到山东聊城农村，她利用自己所学的知识，给孩子们当起了教书先生。目睹农村医疗条件有限，又自学了针灸医术，为乡亲们无偿治病。后来，通过自学，修完了大学英语、日语、德语和世界语，并攻读了大学硕士研究生课程。一个没进过学堂门的残疾人能学完大学研究生课程，很难想象她所付出的努力要比常人大多少倍！二十八岁那年，张海迪开始文学创作，她想要用手中的笔抒写自己瑰丽的人生。她先后翻译了《海边诊所》等数十万字的英语小说，编著了《向天空敞开的窗口》《生命的追问》《轮椅上的梦》等书籍。其中《轮椅上的梦》在日本和韩国出版，而《生命的追问》出版不到半年，就已重印三次，获得了全国"五个一工程"图书奖。张海迪自强不息勇于向命运挑战的精神，谱写了一首生命的赞歌，被誉为"八十年代新雷锋"和"当代保尔"。张海迪的成功，说明只要树立做自己命运主人的信心，任何困难都可以克服，任何艰难险阻都可以越过去。

做自己的主人，无需在意别人怎么说，想好了的事情就坚决干下去。

美国著名女演员索尼亚的童年是在渥太华一个奶牛场度过的，当时她在奶牛场附近的一所小学读书，有一天她满脸泪痕地回到家里，父亲问她怎么了，她哽咽着说："班里的同学说我长得丑，还说我走路的姿势难看。"父亲听后笑了笑说："我能摸得着我们家的天花板。"索尼亚不知父亲说的是什么意思，反问道："您说什么？"父亲又重复着说："我能摸得到我们家的天花板。"索尼亚仰头望着离地近四米高的天花板，再看看父亲，茫然地摇摇头，怎么也不相信父亲的话。父亲看出了她的疑虑，笑笑道："不信吧！那你也别信你同学的话，因为有些人的话并不符合事实。"索尼亚终于明白了一个道理：任何事情不能太在意别人说什么，要按自己的想法去做。之后，索尼亚通过自己的努力，在演艺界小有名气。一次，她要去参加一个集会，但经纪人告诉她：因为天气不好，只有很少的人去参加这个集会，会场的气氛会有些冷淡。意思是说，作为新人的索尼亚，应该把时间和精力花在一些大型的演出活动上，才可增加自己的名气。但索尼亚却认为要言而有信，因为她在报刊上承诺要去参加的，于是坚持着去了。结果，那次雨中的集会，因为有了索尼亚的参加，广场上的人越来越多，她的人气和名气也因此骤升。

人生之路，说长道短在所难免。不要轻信别人的恭维话，也不要在意别人的贬损话。别人怎么说是别人的事，重要的是自己怎么做。遇事自己拿定主意，做自己的主人，才是实实在在的人生！

近君子提防小人
JIN JUN ZI DI FANG XIAO REN

什么是君子和小人?《论语·述而》里给出了一个定义:“君子坦荡荡,小人常戚戚。”又有“君子喻于义,小人喻于利”的论断。孔子认为,君子宽厚仁义心胸坦荡,小人则是阴险狡诈唯利是图。

《吕氏春秋》中记载了这样一个故事:鲁国大臣郈成子出使晋国途经卫国时,卫国的右宰谷成设宴盛情招待了郈成子。宴会上,右宰谷成命乐队奏乐,但郈成子听出乐曲并不是欢快的。郈成子心中有数,听在耳里没有作声。当喝酒正酣的时候,右宰谷成又把名贵的璧玉送给郈成子,郈成子没有推辞收下了。郈成子完成出使任务回国经过卫国时,没有向右宰谷成告别,郈成子的车夫有些不解,便问郈成子:“上次我们途经卫国时,右宰谷成设宴盛情款待了大人,可见你们的情谊很深。如今我们经过卫国,大人怎么不去拜访他告个别呢?”郈成子面露忧色道:“你有所不知,右宰谷成宴请我,应该是与我欢乐一番。可是乐队奏乐的时候,乐曲并不欢快,这是他向我表示忧虑啊!喝酒中送我的璧玉,是要把璧玉托付给我保管啊!从这些迹象来看,卫国大概会有祸乱了!”果然,郈成子离开卫国三十里远的时候,卫国卿大夫宁喜作乱杀死了卫国的君王,右宰谷成也殉难。郈成子听到这个消息后,不顾危险马上掉转车头到卫国哭悼好友右宰谷成,哭了三次才回到鲁国。郈成子担忧右宰谷成家人的安危,又派人把他的妻儿子女接到鲁国,让她们居住在自己家里,并用自己的俸禄供养她们。待右宰谷成的儿子长大成人后,把璧玉还给了他。与此相反的是,南朝梁国官员到溉与御史中丞任昉关系密切,形同手足。后来任昉去世后,任昉的妻儿老小穷困潦倒,处境十分凄惨。可是任昉生前的好友到溉等人,没有一个愿伸出援助之手。郈成子和到溉两人的所作所为,无疑是君子与小人的缩影!

君子与小人相交,往往是防不胜防,无异于惹祸上身;君子与君子相交,哪怕政见不同,均受益终生。

西汉汉武帝时期,江充可谓是小人中最具代表性的一个。当初他凭其相貌英俊且能言善辩,一跃而成为汉武帝身边的近臣。大权在握后,他先是搅得赵王父子不得安宁。为报私怨,诬告曾视他为心腹的赵太子秽乱后宫,导致赵太子险些被汉武帝判了死刑。虽被赦免死罪,太子地位却被废。后来汉武帝在甘泉宫生病,江充见汉武帝年老多病,担心驾崩后被太子刘据杀掉,于是设下奸计,上奏说汉武帝生病是由巫蛊作祟引起,年老昏厥的汉武帝信以为真,让江充负责审查此案。江充借此机会大肆排除异己,诬陷他人。一时间闹得皇宫乌烟瘴气,冤魂遍地。太子刘据被逼发动兵马自卫,汉武帝闻讯后立命丞相刘屈釐调兵平乱。这场大乱,史称“巫蛊之祸”,几万人受牵连被株。后来汉武帝终于明白是江充从中作梗,于是下诏将其夷灭三族。江充虽然受到了应得的惩罚,然留给西汉的,是难以平复的巨大创伤。究其根源,无疑是君王和权臣们轻信小人所致。

君子与君子相交的典范,要数北宋时期的司马光和王安石。司马光性情温和且待人宽厚,当上宰相后,严格履行旧法秉承祖制;王安石老成持重,锐意改革,少年得志便官运亨通,以其“严己律属”深得皇上宠信,成为当朝宰相。司马光与王安石性格迥异,政治主张截然不同。两人你方唱罢我登台,轮流着做宰相。在争夺权力的过程中,双方光明正大互不相让,可以说是政敌。当司马光失去皇帝的信任后,皇帝征询宰相王安石对司马光的看法,王安石对司马光大加赞赏,称他是国之栋梁,对他的人品、能力和文学造诣给予了很高的评价。也正因为如此,司马光并没有因大权旁落而陷入悲惨境地,得以从容隐退,过着吟诗作赋、锦衣玉食的生活。后来,愤世嫉俗的王安石强力推行改革,不仅触动了皇亲贵族的利益,也招致了地方官员的强烈不满,朝野一片斥责之声。皇帝本来器重王安石,奈经不住臣子们对王安石的弹劾,只得免了王安石的职,重新起用司马光为宰相。王安石被免职后,墙倒众人推,许多言官奏请皇帝治王安石的罪,于是皇帝便征求宰相司马光的意见。司马光对皇帝说:王安石疾恶如仇,心胸坦荡对皇上忠心耿耿,有古君子之风,恳请陛下万万不可听信谗言。皇帝听了司马光的话,不无感慨道:卿等皆君子也!

孔子曰:“君子和而不同,小人同而不和。”所谓的和而不同,指君子在人际交往中,能够与人保持一种和善友好的关系,但在具体问题上却不必苟同于对方。司马光与王安石之交,正是这种“和而不同”的典例。

莫要纠结小事情

MO YAO JIU JIE XIAO SHI QING

所谓的小事情，是指那些无关紧要、忍一忍就过去了的鸡毛蒜皮之事。比如说吃饭时发现米饭中有粒沙子，买回的青菜里有条小虫子，大部分人会不假思索拣出来扔掉，可也有的人会因此怨天尤人骂不绝口。喜欢为这点小事纠结的人，不但毫无益处，损失的也会更多。

有这么个寓言故事：一头骆驼行走在沙漠中，突然被一块玻璃硌到了脚，骆驼立时火冒三丈，抬脚将玻璃狠狠踢了出去，没想到被玻璃碎片将脚掌划开了一道深深的口子，鲜血染红了沙漠。血腥味引来了秃鹫，一路追着骆驼盘旋，骆驼不顾伤势狂奔起来，跑到沙漠边缘时，浓重的血腥气引来了狼。骆驼疲于奔命，像一只无头苍蝇到处乱奔，仓皇中跑到了一处食人蚁的巢穴附近，此时受伤的骆驼已是筋疲力尽，速度慢了许多。闻到血腥味的食人蚁倾巢而出，黑压压一片涌向骆驼，将骆驼围了个严严实实。骆驼在临死前后悔地说：我为什么要跟一块小小的玻璃过不去呢！

这虽然是个寓言故事，却道出了人生的哲理。生活中会发生许多微不足道的小事，若纠缠于小事，大事则不达。

春秋时期卫国国君卫懿公，爱好养鹤，几乎到了痴迷的地步。为了养鹤，他整天沉醉其中，不理国政。不论是苑囿还是宫廷，到处有丹顶白胸的仙鹤昂首阔步。许多人投其所好，纷纷进献仙鹤以求重赏。为了增加乐趣，卫懿公把鹤编队起名，由专人训练它们鸣叫和舞蹈。不仅如此，他还按鹤的等次分封品位，享受与相应品位官员一样的俸禄。被封为上等的鹤，其待遇与大夫一样，不但俸禄相等，出门也乘坐豪华的轿车。养鹤训鹤的人，也全被加官晋爵。卫懿公每逢出游，其鹤也分班随从，前呼后拥，好不热闹。为了养鹤，每年要耗费大量的钱财。国库空虚，便向老百姓加派粮款。民众饥寒交迫，无不怨声载道。卫懿公喜欢养鹤，若是作为业余爱好当无可厚非。然为了养鹤而荒废朝政，不顾民众死活横征暴敛，就难免要遭受灾祸。公元前 660 年，北狄人出动两万骑兵向南进犯，直逼都城朝歌。卫懿公正欲载鹤出游，听到敌军压境的消息后，大惊失色，急忙下令招兵抵抗。老百姓十分反感卫懿公，便不肯从军，纷纷躲了起来。卫懿公束手无策，便征求大臣们的意见。这时有人说："君王启用一种东西，就可以抵御狄兵了，哪里还用得着我们？"卫懿公问："是什么东西？"众大臣齐声道："仙鹤啊！"卫懿公没明白过来，问道："鹤怎么能打仗御敌呢？"大臣们说："鹤既然不能打仗，没什么用处，为什么君王给鹤加封供俸，而不顾百姓死活呢?”卫懿公这才明白过来,立即下令将鹤驱散。大臣们见君主终于醒悟过来了,便分头到各地向老百姓宣传卫懿公的悔过之意,这才招到了一些兵。由于军心不齐,又缺乏战斗力,大军到了朝歌以北的荧泽,中了狄军的埋伏,很快全军覆没,卫懿公被砍成肉泥,狄军攻占了朝歌城。大夫石祁子等人奋力护着公子申向东逃到漕邑,才有了个落脚的地方,并立公子申为卫戴公。卫懿公作为一国之君,不思治国而把精力全放在养鹤上,导致民不聊生国力衰退,才给狄人以可乘之机。在历史上,这不能不说是一个十分惨痛的教训。

如何分清事物的主次,唐代文学家柳宗元在《哀溺文序》里讲了这样一个故事:有一只客船漏水,众人纷纷跳水往岸边游去,其中一人游得相当吃力。人们知道这人水性较好,便叫他快点游。他说腰里缠着钱,太重了。人们让他赶紧把钱扔掉,保命要紧,无论别人怎么劝,他也舍不得把钱扔掉。最后终因体力不支,溺水而亡。这个故事告诉人们:做事要分清轻重主次,不宜本末倒置。否则,只能是因小失大自讨苦吃。

睿智地对待赢

RUI ZHI DE DUI DAI YING

都知道“赢”字由五个汉字组成，即亡、口、月、贝、凡。从字面意思来看，亡，就是做人不可狂妄自大，要有危机意识；口，表示要有较好的沟通能力，还要注意口德；月，指要有时间观念，懂得珍惜光阴，才能有所作为；贝，取财有道，戒除贪欲心；凡，有颗平常心态，世上没有常胜将军，遇事从最坏处着想，向最好处努力。其实，这五个汉字，无一不包罗了隐忍的大道理。

究竟怎么样才算赢？或许有人认为不外乎是利益和权势。其实，真正的赢家不是金钱和地位，而是有一颗乐于奉献无怨无悔的好心。有个《输与赢的故事》很有趣味。

某寺庙有一和尚在挑着一担柴回寺院的路上，看到一个少年捕到一只蝴蝶捂在手中。出于佛家弟子戒妄杀生的本能，和尚皱了下眉头。少年看出了和尚的不高兴，便对他说："和尚，我们打个赌如何?"和尚立住脚问："赌什么?"少年举着握蝴蝶的手说："你猜我手中的蝴蝶是死的还是活的呢?你要是猜错了，你的这担柴就归我。"和尚点点头说道："你手上的蝴蝶是死的。"少年一听得意地笑着说："你猜错了。"于是手一松，蝴蝶从他手中飞走了。和尚点头道："好，这担柴归你。"说罢放下柴，开心地走了。少年见白白赢得了一担柴，兴奋极了，高高兴兴把柴挑回了家。少年的父亲觉得有些奇怪，便问柴的由来。少年得意地将赢柴的过程向父亲说了，心想父亲一定会夸自己聪明能干。可没想到父亲很气愤，给了他一巴掌。训斥道："你好无知啊！还真以为自己赢了吗？我看你是输了也不知输在什么地方啊!"少年想争辩一番，但被父亲强制挑上柴，二人来到了寺院。父亲见到了那和尚，不无歉意道："师父，我家孩子不懂事得罪了您，还请你原谅!"和尚念了声佛号，微笑不语。父子二人回家的路上，少年忍耐不住问父亲："我明明赢了，你为什么硬要说是我输了呢？"父亲叹了口气道："你一心想赢师父的柴，如果师父说蝴蝶是活的，你会将手中的蝴蝶捏死，柴是你的；师父说蝴蝶死了，你才会放了蝴蝶。虽然师父输掉的是一担柴，可赢的是慈悲心啊！"少年一听，这才如梦方醒。

显然，人生的输赢没有一定的格局，表面上的东西不一定成为界定输赢的标准。官运亨通，看起来是赢家，若利用职权徇私舞弊，或者得意忘形高高在上，最终会输得很惨；相反，地位平淡的人，若兢兢业业乐于奉献，虽无职无权，却能得到大家的尊重和认可，这样的人，必是一个赢家。因为他赢得了人心，赢得了自尊。输，只要不是输在人品上，就不是真的输；今天赢了，不代表永远就会赢。只要有颗坚忍不拔的意志，朝认准的路一直走下去，即便输在一时，也会赢得希望！